UNIVERSITÉ DE MONTPELLIER

TRAVAUX DE L'INSTITUT DE CHIMIE DE LA FACULTÉ DES SCIENCES

NOTES ET DOCUMENTS

DE

CHIMIE GÉNÉRALE

I. — LES CLASSIFICATIONS DES CORPS SIMPLES

II. — NOTES SUR LES MÉTALLOÏDES ET LES MÉTAUX

PAR

Le Professeur ŒCHSNER DE CONINCK

LAURÉAT DE L'ACADÉMIE DES SCIENCES ET DE L'ACADÉMIE DE MÉDECINE DE PARIS

MEMBRE DE LA SOCIÉTÉ DE BIOLOGIE, ETC.

« On peut juger de l'état d'une science par la valeur de ses classifications. »

PARIS

MASSON ET Cie, ÉDITEURS

LIBRAIRES DE L'ACADÉMIE DE MÉDECINE

120, BOULEVARD SAINT-GERMAIN, 120

1902

UNIVERSITÉ DE MONTPELLIER

TRAVAUX DE L'INSTITUT DE CHIMIE DE LA FACULTÉ DES SCIENCES

NOTES ET DOCUMENTS DE CHIMIE GÉNÉRALE

I. — LES CLASSIFICATIONS DES CORPS SIMPLES

II. — NOTES SUR LES MÉTALLOÏDES ET LES MÉTAUX

PAR

Le Professeur ŒCHSNER DE CONINCK

LAURÉAT DE L'ACADÉMIE DES SCIENCES ET DE L'ACADÉMIE DE MÉDECINE DE PARIS

MEMBRE DE LA SOCIÉTÉ DE BIOLOGIE, ETC.

« On peut juger de l'état d'une science par la valeur de ses classifications. »

PARIS

MASSON ET Cie, ÉDITEURS

LIBRAIRES DE L'ACADÉMIE DE MÉDECINE

120, BOULEVARD SAINT-GERMAIN, 120

1902

DU MÊME AUTEUR

1. **Recherches sur les bases de la série pyridique et de la série quinoléique** (thèses pour le Doctorat ès-sciences). Paris, 1882, chez Gauthier-Villars, imprimeur-éditeur.
2. **Observations sur les acides benzoïque et oxy-benzoïques,** 1899, Montpellier, G. Firmin, imprimeur-éditeur (épuisé).
3. **Résumé d'un cours de chimie des Métalloïdes,** 1888, Montpellier, (épuisé).
4. **Résumé d'un cours de chimie sur les sels** (à l'usage des candidats à l'agrégation des sciences physiques), 1888, Montpellier.
5. **Cours de chimie organique,** en 3 volumes. Paris, G. Masson, éditeur.
6. **Nouvelles recherches sur les bases pyridiques et quinoléiques,** 1 vol., in-18 raisin. Paris, G. Masson, éditeur.
7. **Eléments de chimie organique et biologique,** 1 vol. à l'usage des candidats au P. C. N. Paris, Masson et Cie, éditeurs.
8. **Eléments de chimie des métaux,** 1 vol. à l'usage des candidats au P. C. N. Paris, Masson et Cie, éditeurs.
9. **Premières notions de chimie des Métalloïdes,** 1 vol. à l'usage des débutants, Paris, Masson et Cie, éditeurs.
10. **Première notice sur les travaux scientifiques,** 1884, Paris, A. Davy, imprimeur.
11. **Deuxième notice sur les travaux scientifiques,** 1888, Montpellier, G. Firmin, imprimeur-éditeur.
12. **Troisième notice sur les travaux scientifiques,** 1900, Montpellier, G. Firmin et Montane, imprimeurs-éditeurs.
13. **Recherches sur les ptomaïnes,** mémoire d'ensemble présenté à l'Académie de Médecine, pour le concours du prix Buignet, 1890, Montpellier, G. Firmin, imprimeur-éditeur.
14. **Nouvelles recherches sur les ptomaïnes** (pour faire suite au mémoire précédent), 1891, Montpellier, G. Firmin, imprimeur-éditeur (épuisé).
15. **La chimie de l'Uranium,** 1re édition. Historique comprenant les recherches faites sur l'Uranium, de 1872 à 1901. Montpellier, G. Firmin et Montane, imprimeurs-éditeurs.
16. **La chimie de l'Uranium,** 2me édition, revue et mise au courant. Paris, Masson et Cie, éditeurs.
17. **Recherches sur le Nitrate d'Uranium,** mémoire d'ensemble, 1901, Montpellier, G. Firmin et Montane, imprimeurs-éditeurs.
18. **Notes et Documents de Chimie générale,** *les classifications des corps simples ; notes sur les Métalloïdes et les Métaux,* 1 vol., in-18 raisin Paris, Masson et Cie, éditeurs, 1902.

A M. ISTRATI

ANCIEN MINISTRE

PROFESSEUR A LA FACULTÉ DES SCIENCES

DE L'UNIVERSITÉ DE BUCHAREST

je dédie ces lignes, en souvenir des heures d'études communes au Laboratoire d'Ad. Wurtz, à l'Université de Paris.

AVANT-PROPOS

J'ai pensé que le moment était venu de jeter un coup d'œil en arrière, et d'exposer quelques documents relatifs à la classification des corps simples et aux méthodes suivant lesquelles on a enseigné la chimie minérale, de 1870 à 1900, c'est-à-dire à la fin du XIXe siècle.

Ces documents, je les ai réunis peu à peu, patiemment; ils se composent de notes prises à tous les cours auxquels j'ai assisté comme élève de Lycée, puis comme étudiant, et de résumés faits après chaque lecture d'un mémoire ou d'un livre de chimie. Si modestes qu'ils soient, j'ai l'espoir qu'ils ne seront pas tout à fait inutiles à ceux qui écriront un jour l'histoire de la Chimie au siècle dernier.

L'étude de la classification des corps a toujours eu un très grand attrait pour moi. J'y ai beaucoup insisté dans mes cours de licence, dans mes conférences d'agrégation ; j'ai beaucoup discuté sur ce point avec mes maîtres, avec mes collègues. On ne s'étonnera donc pas si je me suis fait un système, et on me pardonnera si je l'expose. Je le fais de bonne foi, et avec le désir de rendre service aux jeunes chimistes.

DIVISION DU LIVRE

Ce livre est divisé en trois parties.

Dans la 1re partie, j'étudie les différentes classifications des éléments (métalloïdes et métaux), et je fais connaître les systèmes adoptés par un certain nombre de savants et de professeurs, dans leurs ouvrages ou dans leur enseignement, depuis l'année 1869-1870 jusqu'au commencement du XXe siècle.

Je termine cette première partie en exposant un système nouveau de classification.

Dans la 2me partie, j'étudie les Métalloïdes, en insistant tantôt sur le côté historique, tantôt sur le point de vue de la science comparée ; enfin je fais connaître les travaux récents qui ont vraiment contribué aux progrès de la Chimie des Métalloïdes.

Dans la 3me partie, j'aborde l'étude de certains métaux, en suivant un plan analogue à celui que j'ai cru devoir adopter pour la seconde.

Grâce à l'emploi du four électrique, grâce aux progrès immenses qui ont été réalisés dans la chimie des hautes températures, c'est incontestablement l'étude des Métaux qui a le plus avancé dans cette période s'étendant de l'année 1886 — date de la découverte du fluor par Henri Moissan — à l'année 1900. La fin du XIXe siècle marquera une ère considérable dans l'histoire de la Chimie.

ORDRE SUIVI

Voici l'ordre que j'ai suivi dans la première partie :

D'abord je donne le tableau des substances simples, d'après Lavoisier, puis la classification de Dumas ; en troisième lieu, la classification de Thénard, enfin, la classification des éléments d'après le système de Mendeleeff.

A partir de ce moment, je suis purement et simplement l'ordre chronologique.

PREMIÈRE PARTIE

LES CLASSIFICATIONS DES CORPS SIMPLES DANS LA LITTÉRATURE CHIMIQUE ET DANS L'ENSEIGNEMENT DE 1865 A 1900

Tableau des substances simples, d'après Lavoisier (1)

Substances simples qui appartiennent aux trois règnes qu'on peut regarder comme les éléments des corps.	Substances simples non métalliques, oxydables et acidifiables	Substances simples métalliques, oxydables et acidifiables		Subtances simples solidifiables et terreuses
Lumière.	Soufre.	Antimoine.	Manganèse.	Chaux.
Calorique.	Phosphore.	Argent.	Mercure.	Magnésie.
Oxygène.	Carbone.	Arsenic.	Molybdène.	Baryte.
Azote.	Radical muriatique.	Bismuth.	Nickel.	Alumine.
Hydrogène.	Radical fluorique.	Cobalt.	Or.	Silice.
	Radical boracique.	Cuivre.	Platine.	
		Etain.	Plomb.	
		Fer.	Tungstène.	
			Zinc.	

(1) Ce tableau est extrait de l'ouvrage de M. Chesneau : *Lois générales de Chimie*, p. 46.

MÉTALLOÏDES

Classification de Dumas

Voici cette classification, telle qu'elle a paru dans le Traité de Chimie appliquée aux Arts (tome I, introduction, p. 77) :

1re Famille : Hydrogène.
2e Famille : Fluor, chlore, brome, iode.
3e Famille : Sélénium, soufre. Appendice, oxygène.
4e Famille : Phosphore, arsenic. Appendice, azote.
5e Famille : Bore, silicium. Appendice, carbone.

Remarque. — L'hydrogène est mis à part ; dans la 3e et la 4e famille, l'oxygène et l'azote sont mis à part, à cause de la différence d'état physique.

Un peu plus tard, les appendices proposés par Dumas devaient disparaître, et l'oxygène ainsi que l'azote devaient figurer à la tête de la 3e et de la 4e famille.

Le carbone allait être mis à côté du silicium.

Le bore devait être placé dans une famille spéciale.

Le tellure ne figure pas dans cette classification.

MÉTAUX

Classification de Thénard

1re Section : Métaux décomposant l'eau à la température ordinaire :

K, Na, Ca, Sr, Ba

2e Section : Métaux décomposant l'eau à 100° :

Mg, Mn

3e Section : Métaux décomposant l'eau au rouge sombre et les acides étendus à la température ordinaire :

Zn, Fe, Ni, Co, Cr.

4e Section : Métaux décomposant l'eau au rouge vif et les solutions alcalines étendues à la température ordinaire :

Sn, Sb

5e Section : Métaux ne décomposant l'eau à aucune température :

Cu, Pb, Bi

6e Section : Métaux décomposant à froid les acides étendus et les dissolutions alcalines :

Al

7e Section : Métaux s'oxydant à une température peu élevée :

Hg, Pa

8e Section : Métaux ne s'oxydant à aucune température :

Ag, Au, Pt

Classification des Éléments d'après le Système de Mendeléeff.

Les éléments sont rangés d'après la valeur des poids atomiques :

= 1							
= 7;	Gl = 9,1;	Bo = 11;	C = 12;	Az = 14;	O = 16;	Fl = 19;	
= 23;	Mg = 24;	Al = 27;	Si = 28;	Ph = 31;	S = 32;	Cl = 35,5;	
= 39;	Ca = 40;	»	Ti = 48;	Va = 51,3;	Cr = 52,5;	Mn = 55;	Fe = 56; Co = 59; Ni = 59;
= 63;	Zn = 66;	Ga = 69;	Ge = 72;	As = 75;	Se = 78;	Br = 80;	
= 83;	Sr = 87,5;	Yt = 89,6;	Zr = 90;	Nb = 94;	Mo = 95,8;	»	
= 108;	Cd = 112;	In = 113;	Sn = 118;	Sb = 120;	Te = 128;	I = 127;	Ru = 103,5; Rh = 104,2; Pd = 106;
= 132,6;	Ba = 137;	La = 138,5;	Ce = 141;	»	Di = 145;	»	
»	»	Yb = 173;	»	Ta = 182;	Tu = 184;	»	Os = 190; Ir = 192,5; Pt = 194,4;
= 196,6;	Hg = 200;	Tl = 203,7;	Pb = 207;	Bi = 210;	»	»	
»	»	»	Th = 233;	»	U = 240;	»	

1865-1866

Fremy adopte la classification de Dumas, dans ses différents ouvrages, mais en 1885, dans son Guide du Chimiste, il ne fait pas figurer l'hydrogène parmi les Métalloïdes, car, dit-il, « *ce gaz n'a ni les caractères phy-* « *siques ni les propriétés chimiques des métalloïdes, c'est* « *un véritable métal.* » (p. 19 de la 1re édition).

Fremy donne donc les quatre familles suivantes :

Cl, Br, I, Fl ;
O, S, Se, Te ;
Az, Ph, As ;
C, Bo, Si.

REMARQUE. — L'auteur retranche H du nombre des métalloïdes, mais il laisse le bore à côté du carbone et du silicium ; il ne dit pas pourquoi il place le fluor à la fin de la 1re famille ; enfin, il ne fait aucune addition à la 3me famille.

MÉTAUX. — Fremy a d'abord adopté la classification de Thénard ; il l'a ensuite modifiée sur certains points.

Enfin (Guide du Chimiste, p. 21-22) il a proposé de diviser les métaux usuels en 5 groupes, d'après les caractères que leurs sels en dissolutions acides présentent avec H^2S, AzH^3, SH, et CO^3Na^2 :

1er Groupe : Métaux dont les sels ne précipitent par aucun des réactifs :

K, Na, Li, AzH^4

2me *Groupe :* Métaux dont les sels ne précipitent que par CO^3Na^2 :

Ba, Sr, Ca, Mg

3me *Groupe :* Métaux dont les sels précipitent par AzH^3, SH et CO^3Na^2 :

Al, Gl. U, Cr, Mn, Fe, Ni, Co, Zn

4me *Groupe :* Métaux dont les sels précipitent par les 3 réactifs :

Cd, Pb, Bi, Cu, Hg, Ag

5me *Groupe :* Métaux dont les sels précipitent par H^2S et dont les sulfures sont solubles dans les sulfures alcalins :

Sn, Sb, Mo, Au, Pt, As

1869-1870

Debray (*Cours élémentaire de Chimie*, 3me édit., p. 30) donne la liste suivante des corps simples, qu'il désigne sous le nom de métalloïdes :

As, Az, Bo, Br, C, Cl, Fl, H, I, O, Ph, Se, Si, S, Te.

Dans cet endroit de son livre, il ne donne pas de classification, mais lorsqu'il aborde l'étude détaillée des métalloïdes, on reconnaît qu'il suit, en général, la classification de Dumas.

Dans le même ouvrage, p. 32, en traitant de la nomenclature, il cite l'opinion de Berzélius qui rangeait les métalloïdes dans l'ordre suivant, qui est tel qu'un corps est électro-négatif par rapport à ceux qui le suivent, et électro-positif par rapport à ceux qui le précèdent :

Oxygène, fluor (1), chlore, brome, iode, soufre, sélénium, azote, phosphore, arsenic, bore, carbone, tellure, silicium, hydrogène.

Debray (ibid, p. 10-12) donne la classification suivante des métaux :

1) K, Na, Li, Ba, Sr, Ca ;
2) Mg, Mn ;
3) Fe, Ni, Co, Cr, Zn, Cd, Va, U ;
4) Tu, Mo, Os, Ta, Ti, Sn, Sb, Nb ;
5) Cu, Pb, Bi ;
6) Al, Gl ;
7) Hg, Pa, Rh, Ru :
8) Ag, Pt, Au, Ir.

(1) « Berzélius, dit H. Debray, n'a placé le fluor au second rang que par suite d'hypothèses sur la composition de l'acide qu'on retire des fluorures ».

1870-1871

Dans ses Leçons élémentaires de Chimie moderne (2me édition, pp. 36 et 233), Wurtz admet les grandes lignes de la classification de Dumas, mais sépare le bore d'avec le carbone et le silicium.

Voici le tableau qu'il donne :

H	O	Az	Bo	Si
—	S	Ph		C
Fl	Se	As		
Cl	Te	Sb		
Br				
I				

Remarque. — 1° Wurtz met l'hydrogène à part ; 2° il fait figurer l'antimoine parmi les métalloïdes de la troisième famille.

En 1879, dans sa théorie atomique, Wurtz montre qu'il faut encore ajouter certains éléments à la troisième et à la cinquième famille des métalloïdes (voyez plus loin).

Dans ses Leçons (pp. 293 et suiv.), Wurtz admet, pour les métaux une classification fondée sur la valence ; comme ce traité est, il ne faut pas l'oublier, très élémentaire, Wurtz se montre réservé dans ses conclusions, et n'étudie pas tous les métaux :

1) K, Na, Li, Ag ;
2) Ba, Ca, Sr, Pb ;
3) Mg, Zn, Co, Ni, Mn, Fe, Cr, Cu, Hg ; — Al ;
4) Bi, Au ;
5) Sn, Ti, Zr, Pt.

1871

En 1871, M. Appert, agrégé des sciences physiques et naturelles, professeur au Lycée du Hâvre, dont j'étais alors l'élève, nous faisait la leçon suivante sur la classification des Métalloïdes :

1re Famille : H (1).
2e Famille : O, S, Se, Te.
3e Famille : Fl, Cl, Br, I.
4e Famille : Az, Ph, As.
5e Famille : C, Bo, Si.

Remarque. — On remarquera qu'à cette époque, on se fondait surtout sur les caractères physiques et cristallographiques pour placer C, Bo, Si, dans une même famille ; en outre, les équivalentistes formulaient la silice SiO^3 et non SiO^2, et la plaçaient à côté de l'anhydrique borique BoO^3.

On remarquera aussi que Fl, Cl, Br, I, étaient placés dans la 3e famille ; tandis que, quelques années après, on les a placés dans la 1re famille ; les uns ont exclu H de la 1re famille, les autres ont cru devoir le placer dans un appendice, dépendant de cette famille.

Lorsqu'il faisait le cours des Métaux, M. Appert suivait la classification de Thénard ; il parlait seulement des

(1) A ce sujet, M. Appert avait soin de nous faire remarquer que l'hydrogène se rapprochait beaucoup des métaux.

métaux suivants, car son cours, s'adressant à une classe de Mathématiques élémentaires, était naturellement peu développé :

1) K, Na ; — Ba, Ca, Sr ;
2) Mg — Mn — Al ;
3) Fe, Zn, Ni, Cr, Co ;
4) Sn, Sb ;
5) Bi, Cu, Pb ;
6) Hg, Ag, Au, Pt, Pa, Ir.

1874

Grimaux (Chimie inorganique élémentaire, 1re édition, p. 5) donne la classification suivante :

H	O	Az	Bo
Cl	S	Ph	—
Br	Se	As	C
I	Te	Sb	Si
Fl	—	Bi	Sn

Remarque. — L'auteur ne donne pas la raison pour laquelle il place le fluor à la fin de la 1re famille.

Outre l'antimoine, il range le bismuth et l'étain parmi les Métalloïdes.

Il place l'oxygène et l'azote en tête de leurs familles respectives.

L'hydrogène est compris parmi les métalloïdes, mais mis à part.

Le bore est placé, il est vrai, près du carbone, mais il est placé à part.

Pour les Métaux (ibid. p. 260), Grimaux admet les groupes suivants, en se fondant sur l'atomicité ou valence :

1) K, Na, Li, Rb, Cs — AzH^4 — Ag ;
2) Ba, Sr, Ca — Pb ; Mg, Zn, Cu, Hg, Fe, Cr, Mn, Ni, Co — Al ;
3) Au ;
4) Pt.

1875

A. Naquet, dans ses principes de chimie fondée sur les théories modernes (3me édition, p. 102), tout en adoptant les idées des atomistes, donne la classification de Dumas, légèrement modifiée :

Cl, Br, I, Fl, H	Métalloïdes mono-atomiques
O, S, Se, Te	Métalloïdes di-atomiques
Bo	Métalloïde triatomique
C, Si, Zr, Ti, Sn, Th (Thorium)	Métalloïdes tétratomiques
Az, Ph, As, Sb, Bi, U, Ta, Nb, Va	Métalloïdes pentatomiques

Remarque. — Nous voyons apparaître, ici, pour la 1re fois, parmi les métalloïdes, le zirconium, le titane, le thorium, l'uranium, le tantale, le niobium et le vanadium.

L'auteur considère l'azote, le phosphore, l'arsenic etc., comme des éléments pentatomiques.

Pour les métaux, Naquet (ibid. p. 264-265) admet une classification fondée sur la valence :

1) Ag, Li, Na, K, Rb, Cs ;
2) Ca, Ba, Sr, Mg, Ce, La, Di, Y, Er, Zn, Cd, Cu, Hg ;
3) Au, Tl, In ;
4) Al, Gl, Mn, Fe, Cr, Co, Ni, Pb, Pt, Pa ;
5) Mo, Tu, Ir, Os, Rh, Ru.

1877

Classification des Métalloïdes, d'après Rabuteau

Rabuteau admet la classification suivante, basée sur l'atomicité ;

Métalloïdes monoatomiques	Métalloïdes diatomiques	Métalloïdes triatomiques
H	O	Bo
Cl	S	
Br	Se	
I	Te	
Fl		

Métalloïdes tétratomiques	Métalloïdes pentatomiques
C	Az
Si	Ph
Sn	As
Ta	Sb
Ti	Bi
Nb	U
	Os

Remarque. — Rabuteau admet, au fond, la classification de Dumas; mais il croit devoir ajouter aux éléments tétratomiques 4 nouveaux éléments (Sn, Ta, Ti, Nb) ; et aux éléments pentatomiques, deux nouveaux éléments (U et Os).

1877

Classification ancienne des métaux, citée par Rabuteau, comme extrêmement simple, et qu'il suivait dans son enseignement, en général :

1° *Métaux alcalins :* K, Na, Li, Rb, Cs, Tl, AzH^4.
2° *Métaux alcalino-terreux :* Ca, Ba, Sr.
3° *Métaux terreux :* Mg, Al, Gl, Zr, Yt, Er, Tb, Th, La, Di, Ce. (Tb = Terbium).
4° *Métaux proprement dits : a)* Zn, Cd, In, Cu, Fe, Mn, Cr, Co, Ni, Pb, Tu, Mo ;
b) Hg, Ag, Au, Pt, Pa, Ru, Rh, Ir.

Remarque. — Les métaux des 3 premiers groupes étaient souvent appelés *métaux légers,* par allusion à leur faible densité. Les métaux du groupe *b* sont appelés *métaux nobles ou précieux.*

Opinion de Rabuteau sur la classification de Thénard

Rabuteau expose le principe de la classification de Thénard (p. 15), et admet les différentes sections. Mais, dans la 4ᵉ section, il ne conserve que le Molybdène et le Tungstène ; et il place parmi les Métalloïdes Sn, Sb, Ti, Ta, Nb, U, et Os.

1877

CLASSIFICATION DES MÉTAUX D'APRÈS RABUTEAU

Rabuteau admet la classification suivante, basée, comme celle des Métalloïdes, sur l'atomicité :

1re Classe. — Métaux monoatomiques.
K, Na, AzH^4, Rb, Cs, Li, Tl, Ag.

2e Classe. — Métaux diatomiques.
Ba, Ca, Sr, Mg, Zn, Cd, In, Th, Yt, Er, Tb, Cu, Hg, Pb.

3e Classe. — Métaux triatomiques.
Au, Tl (qui fonctionne aussi comme monoatomique).

4e Classe. — Métaux tétratomiques.
Pt, Pa, Ir, Rh, Ru, Al, Gl, Zr, Fe, Mn, Cr, Co, Ni, Ce, La, Di.

5e Classe. — Métaux pentatomiques.
Va.

6e Classe. — Métaux hexatomiques.
Mo, Tu.

1878

Classification des métaux d'après Roscoe et Schorlemmer

Cette classification se trouve dans le tome II du traité de chimie de ces auteurs, p. 22 et 23 :

Groupe premier : K, Na, Li, Rb, Cs ; (Métaux alcalins) ;
Groupe deuxième : Ca, Sr, Ba ; (Métaux alcalino-terreux) ;
Groupe du magnésium : Gl, Mg, Zn, Cd ;
Groupe du plomb : Pb, Tl ;
Groupe du cuivre : Cu, Ag, Hg ;
Groupe du cérium : Y, La, Ce, Di, Er ;
Groupe de l'aluminium : Al, In, Ga ;
Groupe du fer : Mn, Fe, Ni, Co ;
Groupe du chrome : Cr, Mo, Tu, U ;
Groupe de l'étain : Sn, Ti, Zr, Th ;
Groupe de l'antimoine : Va, Sb, Bi, Ta, Nb ;
Groupe de l'or : Au, Pt, Ru, Rh, Pd, Ir, Os.

1879-1880

Classification de Schutzenberger

H ;
Fl, Cl, Br, I ;
O, S, Se, Te ;
Az, Ph, As, Sb, Bi ;
Bo ;
C, Si.

} Métalloïdes.

K, Na, Rb, Cs, Li, Tl ;
Ca, Sr, Ba ;
Mg, Zn, Cd, In ;
Cr, Mn, Fe, Ni, Co, U ;
Cu, Pb, Hg ;
Gl, Al, Ga, Ce, La, Di, Y, Er, Tb, Th ;
Mo, Tu ;
Va, Nb, Ta ;
Zr, Ti, Sn ;
Ag, Au ;
Pt, Ir, Os ; Ru, Rh, Pd.

} Métaux.

1879

Wurtz, parlant de la classification des éléments, dans sa Théorie atomique (1re édition, p. 110) dit :

« Les métaux suivants se rattachent à Si et à C,

Ti, Zr, Sn.

» A la famille de l'azote, du phosphore et de l'arsenic » se rattachent les métaux suivants :

Va, Sb, Bi, Nb, Ta. »

Plus loin, Wurtz expose et critique la classification des éléments proposée par Mendeléeff.

1886

En 1886, j'ai été appelé à professer le cours des Métalloïdes. Voici la classification que j'ai exposée, puis que j'ai suivie dans mes leçons :

1re *Famille :* Fl, Cl, Br, I ;
2me *Famille :* O, S, Se, Te ;
3me *Famille :* Az, Ph, As ;
4me *Famille :* Bo ;
5me *Famille :* C, Si.

Remarque. — Cette classification n'est autre que celle de Dumas, sauf en ce qui concerne le bore, que j'ai placé dans une famille à part. J'ai mis le fluor en tête de la 1re famille, en tenant compte des affinités pour l'hydrogène.

Pour les Métaux, j'ai admis les groupes suivants :

K, Na, Li, Rb, Cs — AzH^4 — Ag — Tl ;
Ba, Ca, Sr ; Mg, Zn, Cd ;
Mn, Fe, Co, Ni, Cr, Al ;
Cu, Pb, Hg ; — Sn ;
Bi, Sb ; — Au ;
Pt, Pd, Ir, Os.

Avant de commencer l'étude des Métaux, je faisais toujours l'exposé de la classification de Mendeléeff.

1887

Engel, dans ses nouveaux éléments de Chimie Médicale et de Chimie Biologique (3me édition, p. 48) adopte, en la modifiant, la classification de Dumas, qu'il expose à la manière des atomistes :

Métalloïdes monovalents : H (1), Cl, Br, I, Fl ;
Métalloïdes divalents : O, S, Se, Te ;
Métalloïdes trivalents : Az, Ph, As, Sb, Bi (2) — Bo (3) ;
Métalloïdes tétravalents : C, Si.

Remarque. — L'auteur ne donne pas la raison qui lui a fait placer le fluor à la fin de la première famille ; il sépare le bore des métalloïdes trivalents, ainsi que du carbone et du silicium.

Engel (ibid. p. 234) divise les métaux en mono, di, tri et tétravalents :

1) K, Na, AzH^4, Li ;
2) Ca, Sr, Ba, Pb ;
3) Mg, Zn ;
4) Cu, Hg — Ag ;
5) Au ;
6) Fe, Al, Mn, Cr, Co, Ni ;
7) Sn, Pt, Pa.

(1) « H, dit Engel, se comporte, dans un grand nombre de circonstances, comme un métal. C'est à cause de l'importance de ce corps, que l'auteur l'étudie en tête de tous les autres. »

(2) Au sujet de Bi, Engel fait observer qu'il est souvent rangé parmi les métaux.

(3) « Bo, dit Engel, est trivalent, mais ne se rapproche par ses allures d'aucun autre métalloïde. »

1893

Joly (Cours élémentaire de chimie, 1re édition, p. 71) dispose les métalloïdes par ordre croissant du poids atomique et donne le tableau suivant, pour leur classification :

I	II	III	IV	V
Fl	O	Az	C	Bo
Cl	S	Ph	Si	
Br	Se	As		
I	Te	Sb		

Remarque. — L'auteur donne au fluor la première place dans la 1re famille.

Le bore est placé dans une famille à part.

L'auteur considère l'antimoine comme un métalloïde.

Pour les Métaux (ibid. p. 7, 2e fascicule, t. 1er), Joly adopte la classification suivante :

1) Na, K, Ag ;
2) Ca, Sr, Ba, Pb ;
3) Mg, Zn ;
4) Al ;
5) Cr ;
6) Mn, Fe, Ni, Co ;
7) Sn ;
8) Sb, Bi ;
9) Cu, Hg ;
10) Au ;
11) Pt, Pa, Ir.

1894

Istrati (cours élémentaire de chimie, 1re édition, p. 39) donne la classification suivante :

D'abord, il place H dans un groupe à part.

Puis, il indique, pour les Métalloïdes, les 5 familles suivantes :

1) Fl, Cl, Br, I;
2) O, S, Se, Te;
3) Az, Ph, As, Sb, Bi, Va, Nb, Ta;
4) C, Si, Ge, Sn, Ti, Zr, Th;
5) Bo.

Remarque. — L'auteur donne au fluor la première place, dans la 1re famille.

Il introduit le germanium parmi les Métalloïdes.

Il met le bore dans une famille à part.

Istrati (ibid. p. 39) groupe les métaux de la manière suivante :

I. — *a*) Li, Na, K, Rb, Cs;
b) Ag.

II. — *a*) Ca, Sr, Ba;
b) Gl, Mg;
c) Zn, Cd, Hg;
d) Cu, Pb.

III. — *a*) Au;
b) Ga, In, Tl.

IV. — *a*) Al, Sc, Y, La, Yb; (Sc = scandium; Yb = Ytterbium).

b) Cr, Mo, W, Ur;

c) Mn;

d) Fe, Ni, Co;

e) Pt, Pd, Rh, Ru, Os, Ir.

L'auteur fait remarquer, ensuite, que l'hydrogène « présente des caractères qui appartiennent à la fois aux métalloïdes et aux métaux. »

1895

Garnier (Chimie Médicale, 1re édition, p. 12) classifie les éléments d'après leur atomicité :

H	O	Bo	Az	C
Cl	S		Ph	Si
Br	Se		As	
I	Te		Sb	
Fl				

L'auteur fait remarquer que les Métalloïdes de la 3e famille, (Az, Ph, As, Sb) sont tantôt trivalents, tantôt pentavalents.

Remarque. — L'auteur place l'hydrogène dans les Métalloïdes; il met le fluor à la fin de la 1re famille sans en donner la raison. Il sépare le bore d'avec le carbone et le silicium, et le range dans une famille à part. Enfin, il considère l'antimoine comme un métalloïde.

Pour les Métaux (ibid., p. 12), Garnier développe une classification fondée sur la valence :

1) K, Na, Li, AzH^4, Ag;
2) Cu, Hg ;
3) Ba, Sr, Ca, Mg, Zn, Ni, Co, Cd ;
4) Au, Tl ;
5) Pb, Sn, Pt ;
6) Al, Fe, Cr ;
7) Bi.

1897

Troost (Traité élémentaire de Chimie, 12e édition, p. 39) donne la classification suivante :

H ;
Fl, Cl, Br, I ;
O, S, Se, Te ;
Az, Ph, As, Sb;
C, Si ;
Bo ;
Ar (Argon) ; He (Hélium).

Remarque. — L'auteur place le fluor à la tête de la famille des halogènes ; il range l'hydrogène et l'antimoine parmi les Métalloïdes ; il sépare le bore d'avec le carbone et le silicium ; il considère l'argon et l'hélium, tout récemment découverts, comme des métalloïdes.

Pour les Métaux (ibid., p. 11-13), Troost, après avoir exposé le système de Mendeléeff, propose la classification suivante, fondée sur l'analogie des propriétés chimiques des métaux et sur l'isomorphisme de leurs principaux sels :

1) Li, Na, K, Rb, Cs ; — Tl, Ag ;
2) Ca, Cr, Ba ; — Pb ;
3) Mg, Zn, Cd ;
4) Cr, Fe, Mn, Ni, Co ;
5) Al, Ga ;
6) Sn, Ti, Zr, Th ;
7) Sb, Bi ;
8) Cu, Hg ;
9) Au ;
10) Pt, Pa ; — Ir, Rh ; — Os, Ru.

Essai de Classification

Lorsque j'ai professé le cours des Métalloïdes, j'ai montré à mes élèves que rien ne devait être changé, en ce qui concernait la 1re et la 2e famille des Métalloïdes.

C'est lorsqu'il m'a fallu examiner les caractères physiques et chimiques de la 3e famille, que je me suis demandé si je devais, comme certains auteurs, ajouter à cette famille, l'antimoine, le bismuth, le vanadium, le niobium et le tantale. J'avais remarqué, et d'autres l'ont remarqué certainement, que l'antimoine et le bismuth sont classés tantôt parmi les métalloïdes, tantôt parmi les métaux.

J'ai recherché la cause de cette divergence d'opinions, et en étudiant de plus près les propriétés de l'antimoine et du bismuth, je suis arrivé à la trouver, ou, du moins, à rencontrer une explication satisfaisante.

Aussi bien, si l'on considère l'antimoine libre, on reconnaît que par son aspect extérieur, par l'ensemble de ses propriétés physiques et chimiques, par la nature et la constitution des alliages qu'il forme avec les métaux, *il est bien métal*. Mais, dès que l'on étudie ses combinaisons avec l'oxygène, on est frappé de leur ressemblance avec les combinaisons correspondantes du phosphore et de l'arsenic, c'est-à-dire de corps franchement métalloïdiques.

Ce que je viens de dire de l'antimoine, je puis le répéter textuellement du bismuth, et, à quelques nuances près, du vanadium, du niobium et du tantale (1).

---

(1) Déjà dans son traité de chimie minérale, Roscœ avait signalé certains points de rapprochement entre le vanadium et le phos-

Ainsi, nous nous trouvons en présence d'un groupe constitué par l'antimoine, le bismuth, le vanadium, le niobium et le tantale, éléments qui *sont métaux* par les caractères physiques, par les propriétés de leurs alliages, etc., mais qui, d'autre part, *sont métalloïdes* par la nature, la constitution, la fonction de leurs combinaisons avec l'oxygène.

Je propose donc de les placer dans un groupe à part, intermédiaire entre les Métaux et les Métalloïdes, et de les considérer comme *des éléments de transition.*

A ce groupe, je propose d'adjoindre le molybdène et le tungstène qui présentent des analogies manifestes avec le chrome, l'uranium et le manganèse ; puis, le titane, le zirconium, l'étain et le thorium qui se rapprochent évidemment par leurs bioxydes, du carbone et du silicium (1) métalloïdes de la 4e famille. Ces six éléments, à l'état libre, possèdent d'ailleurs bien le caractère métallique.

Classification. — Je rangerai donc, dans un premier groupe, les éléments Métalloïdes, à savoir : le fluor, le chlore, le brome et l'iode ; l'oxygène, le soufre, le sélénium et le tellure ; l'azote, le phosphore et l'arsenic ; le bore qui reste placé à part ; le carbone et le silicium.

---

phore. Dans sa théorie atomique, Wurtz avait aussi rapproché du phosphore, le vanadium, le niobium et le tantale. Moissan, dans ses notes à l'Académie des Sciences, a fait ressortir la parenté du niobium et du tantale avec les métalloïdes.

(1) A ce sujet, il est intéressant, pour le chimiste, de remarquer que le titane, le zirconium et le thorium, ne donnant qu'un bioxyde, TiO^2, ZrO^2, ThO^2, sont plus près du silicium qui ne donne également qu'un bioxyde, SiO^2. Au contraire, l'étain forme un protoxyde et un bioxyde, et se trouve, par là, placé plus près du carbone qui fournit un protoxyde CO et un bioxyde CO^2.

Dans un deuxième groupe, je placerai *les éléments dits de transition* : l'antimoine, le bismuth, le vanadium, le niobium et le tantale sont rangés à la suite des Métalloïdes de la 3ᵉ famille ; le molybdène et le tungstène viennent se placer à côté du groupe du fer qui renferme le chrome, et non loin de l'uranium. Enfin, immédiatement après le carbone et le silicium, on rencontre le titane, le zirconium, l'étain et le thorium.

Dans un troisième et dernier groupe, je place les éléments restants, qui doivent être envisagés comme les métaux proprement dits.

Il est évident que beaucoup de corps, considérés aujourd'hui comme métaux, pourront, lorsqu'ils seront mieux connus, être placés parmi les éléments de transition ou parmi les métalloïdes.

Le tableau suivant résume ce projet de classification :

GROUPE I Éléments métalloïdes	GROUPE II Éléments de transition	GROUPE III Éléments métaux
Fl, Cl, Br, I ;		H (métal gazeux) ;
O, S, Se, Te ;		K ; Na ; Li ; Rb ; Cs ; AzH^4 — Tl ; Ag ;
Az, Ph, As ;	Sb, Bi, Va, Nb, Ta ;	Ba, Ca, Sr ; — Pb ;
		Mg, Zn, Cd ;
Bo ;	Mo ; Tu ;	Fe ; Cr ; Mn ; Co ; Ni ; U - Al, Ga ;
		Cu ; Hg ;
C, Si.	Ti, Zr, Th, Sn.	Au ;
		Pt ; Pd ; Rh ; Ir ; Os ; Ru.

Notes sur quelques Éléments de transition

Le phosphore s'impose à l'attention des observateurs par le type de ses combinaisons oxygénées ; je laisserai de côté les anhydrides, pour ne considérer que les acides phosphorique, pyrophosphorique, métaphosphorique :

$$PhO^4H^3, \qquad Ph^2O^7H^4, \qquad PhO^3H$$

et leurs sels :

$$PhO^4R^3, \qquad Ph^2O^7R^4, \qquad PhO^3R.$$

Or, ce type se retrouve dans les dérivés oxygénés de l'*antimoine*, du *bismuth*, du *vanadium*, du *tantale* et du *niobium*. On a, en effet :

$$SbO^4H^3; \quad Sb^2O^7H^4; \quad SbO^3H;$$
$$BiO^4H^3; \quad Bi^2O^7H^4; \quad BiO^3H;$$
$$VaO^4R^3; \quad Va^2O^7R^4; \quad VaO^3R;$$
$$TaO^4R^3; \quad Ta^2O^7R^4; \quad TaO^3R;$$
$$NbO^4R^3; \quad Nb^2O^7R^4; \quad NbO^3R.$$

Molybdène. — Si l'on considère les composés oxygénés du molybdène, on voit que par les anhydrides :

$$MoO^2 \text{ et } MoO^3,$$

et par l'acide MoO^4H^2, il tend à se rapprocher du soufre qui donne

$$SO^2, \ SO^3, \text{ et } SO^4H^2.$$

Mais on peut aussi rattacher le molybdène au manganèse, en comparant les deux séries qui suivent :

MoO, MoO^2, MoO^3, Mo^2O^3, Mo^2O^5 (1).
MnO, MnO^2, MnO^3, Mn^2O^3, —

TUNGSTÈNE. — Les dérivés oxygénés :

TuO^2, TuO^3, TuO^4H^2

rapprochent le tungstène du molybdène et du soufre :

MoO^2 ; MoO^3 ; MoO^4H^2
SO^2 ; SO^3 ; SO^4H^2 ;

mais, par l'anhydride Tu^2O^5, le tungstène se rattache à Mo^2O^5, Az^2O^5, Ph^2O^5, Sb^2O^5, Bi^2O^5, As^2O^5.

---

(1) Mo^2O^5 permet de rattacher Mo aux éléments qui donnent des anhydrides de constitution semblable, c'est-à-dire, Tu, Az, Ph, As, Sb, Bi.

DEUXIÈME PARTIE

NOTES ET DOCUMENTS SUR LES MÉTALLOÏDES

Notes et Documents sur le Fluor

Je donne ici quelques extraits sur le fluor ; ces extraits ont été puisés soit dans des cahiers manuscrits d'élèves des Lycées et Collèges, soit dans des dictionnaires, soit dans des ouvrages de vulgarisation, soit, enfin, dans des revues ou dans des traités scientifiques. En tête de la citation j'ai eu soin d'indiquer l'année où l'ouvrage avait paru, ou bien pendant laquelle le cours avait été professé.

1863

« Le nom de *Fluor* est aujourd'hui réservé à un élément » contenu dans un minéral assez fusible : la *chaux fluatée* (1) ; on l'a quelquefois désigné par le mot de *Phthore*.

» C'est un gaz odorant, capable de décomposer l'eau à » la température ordinaire ; il attaque la plupart des » métaux et forme avec eux des combinaisons appelées » *fluorures ;* avec l'hydrogène il produit l'acide fluorhy- » drique. On ne peut isoler le fluor que si l'on opère dans » des appareils en *chaux fluatée*.

» Il a été principalement étudié par MM. G. J. et » Th. Knox et Louyet. »

(Extrait d'un cours de Chimie professé dans un Lycée de Paris).

1864

A l'article Fluor du Dictionnaire universel des Sciences, des Lettres et des Arts, de M. N. Bouillet (7me édition,

(1) Le spath fluor ou fluorure de calcium.

L. Hachette et Cie, éditeurs, Paris), il est dit textuellement :

« C'est un gaz incolore et odorant, qui décompose » l'eau à la température ordinaire. »

1867

Wurtz, dans la deuxième édition de son Traité élémentaire de Chimie médicale (tome premier, Chimie inorganique, p. 192. G. Masson, éditeur à Paris) dit :

« On ne connaît pas le fluor à l'état de liberté, malgré » les tentatives nombreuses qui ont été faites pour » l'isoler. »

Et, p. 193, il ajoute : « Telle est l'énergie des affinités » du fluor, qu'il se combine avec presque tous les corps » simples et avec tous les métaux, même avec le platine, » et qu'il décompose la plupart des corps composés. De » là, les difficultés qu'on éprouve à le mettre en liberté » et surtout à le recueillir et à l'enfermer dans un vase » une fois qu'il est isolé. Comme il attaque immédiatement les vases de verre, on a essayé, d'après le conseil » de sir H. Davy, de le mettre en liberté et de le recueillir » dans de petits vases de spath fluor transparent. C'est » ce qu'a tenté M. Louyet, qui admet que le fluor constitue un gaz incolore, odorant, et qu'il décompose l'eau » à froid et dans l'obscurité. »

1869

M. Appert, agrégé des sciences physiques et naturelles, professeur de physique et de chimie au Lycée du Havre, disait, dans son cours de la classe de mathématiques élémentaires, dont j'étais alors l'élève : « La troisième

» famille des métalloïdes se compose du *fluor*, du *chlore*, » du *brome* et de l'*iode*. On n'a jamais vu le premier de » ces éléments, le fluor, car il traverse tous les vases. On » peut être cependant certain qu'il existe, car, si l'on » traite le spath fluor, ou fluorure de calcium, par l'acide » sulfurique et qu'on chauffe, on obtient un corps analo- » gue à l'acide chlorhydrique, appelé *acide fluorhydrique;* » on a, en même temps, du sulfate de chaux, ou plâtre :

$$\underset{\text{Spath fluor}}{CaFl} + \underset{\text{Acide sulfurique}}{SO^3,HO} = \underset{\text{Sulfate de chaux}}{CaO,SO^3} + \underset{\text{Acide fluorhydrique}}{HFl}$$

« Le chlore est gazeux ; *le fluor l'est probablement* ; » le brome est liquide ; l'iode est solide et sublimable ».

« 1 volume de ces corps et 1 volume d'hydrogène don- » nent 2 volumes d'acides énergiques qu'il faut formuler :

$$HFl,\ HCl,\ HBr,\ HI$$

» qui sont fumants et très solubles dans l'eau. »

1870

Debray, dans son cours élémentaire de chimie (3me édition, p. 290, Dunod, éditeur à Paris) dit : « On trouve, » dans la nature, des cristaux cubiques d'une substance » appelée *spath fluor*, que l'on considère aujourd'hui » comme formée d'un radical hypothétique, *le fluor*, et de » calcium. Les raisons qui ont conduit Ampère, et après » lui tous les chimistes, à admettre l'existence de ce radical » sont les suivantes. L'acide sulfurique dégage du fluorure » de calcium un acide fumant à l'air comme les acides » chlorhydrique, bromhydrique et iodhydrique, *qui atta-* » *que la plupart des métaux avec dégagement d'hydrogène.*

» Le fluor a été plutôt entrevu qu'isolé. La facilité avec » laquelle ce corps décompose l'eau pour former de l'acide » fluorhydrique, corps des plus dangereux à respirer, » rend très difficiles les expériences qui ont pour but de » le préparer. Plusieurs chimistes, les frères Knox » entre autres, sont morts des pernicieux effets exercés » par cet acide sur les organes de la respiration ».

Plus loin, Debray, en étudiant l'acide fluorhydrique, dit (p. 291):

» Cet acide a la propriété caractéristique d'attaquer et » même de dissoudre la silice, avec laquelle il peut former » du fluorure de silicium et de l'eau :

$$2HFl + SiO^2 = SiFl^2 + 2HO$$

P. 292, il dit encore :

« Toutefois, il faut remarquer que cette propriété (atta- » que de la silice) n'appartient pas à l'acide anhydre. Les » recherches de Louyet, confirmées très récemment par » celles de M. Gore, établissent, en effet, que l'acide fluor- » hydrique bien exempt d'eau peut rester en contact avec » le verre pendant plusieurs semaines sans l'attaquer. »

Plus bas, sur la même page, on trouve les lignes suivantes :

« On n'a pas déterminé directement la composition en » volume de l'acide fluorhydrique, le fluor n'ayant pas » encore été isolé ; mais, d'après M. Gore qui aurait » déterminé la densité de vapeur de l'acide fluorhydrique » anhydre, ce composé renfermerait la moitié de son » volume d'hydrogène, comme les acides chlorhydrique, » bromhydrique, iodhydrique. On admet que, comme eux, » il renferme aussi la moitié de son volume de fluor. »

« Pour obtenir la composition en poids de cet acide, il » faut remarquer que la chaux et l'acide fluorhydrique

» donnent, dans cette hypothèse, du fluorure de calcium
» et de l'eau, en réagissant l'un sur l'autre :

$$CaO + HFl = CaFl + HO$$

« Par conséquent, la quantité de fluor Fl qui s'unit à un
» gramme d'hydrogène, se combine avec la quantité de
» calcium Ca qui s'unit à 8 grammes d'oxygène pour
» former de la chaux. L'analyse de la chaux, que l'on fait
» comme celle de la potasse, montre que cette quantité
» Ca est égale à 20. Pour déterminer la quantité Fl on
» traite un poids p de spath fluor par l'acide sulfurique
» en excès, et on évapore dans une capsule de platine : on
» obtient un poids P de sulfate de chaux contenant un
» poids π de calcium ; la différence $p - \pi$ sera la quantité
» de fluor combinée à ce calcium. La proportion suivante
» donnera le poids Fl cherché :

$$\frac{Fl}{20} = \frac{p - \pi}{p}$$

» d'où Fl = 19,5.

» On déduit de là que l'acide fluorhydrique contient
» 19,5 de fluor pour 1 d'hydrogène ; sa composition en
» centièmes, déduite de ces nombres, est :

Fluor	95,12
Hydrogène. . . .	4,88
	100,00

« La composition du sulfate de chaux s'obtient en
» déterminant l'augmentation de poids éprouvé par la
» chaux, quand on la transforme en sulfate de chaux. On
» trouve ainsi que 28 parties de chaux se combinent à 40
» d'acide sulfurique. 68 parties de sulfate de chaux con-
» tiennent donc 20 parties de calcium. »

1875

Voici comment un professeur de Lycée s'exprimait, au commencement de l'année scolaire 1875-1876, en parlant de la classification des Métalloïdes de Dumas (Cours de Mathématiques élémentaires) :

« Dumas a rangé dans une même famille le chlore, le » brome, l'iode, et un quatrième élément auquel on » donne le nom de *fluor*, mais les chimistes n'admettent » l'existence de ce dernier corps simple que par pure ana- » logie ; en effet, on n'est pas encore parvenu à l'isoler ; » d'autre part, il est vrai qu'il existe à l'état de combinaison » avec l'hydrogène (acide fluorhydrique), avec le calcium » (spath fluor), avec d'autres métaux (cryolithe), avec le » silicium (fluorure de silicium) : *c'est sans doute de l'une* » *de ces combinaisons qu'on parviendra à le retirer* lors- » qu'on aura trouvé le moyen de le recueillir comme les » autres gaz connus. »

(Communication particulière).

1876

Dans un cours libre qu'il a professé à Paris en 1875-1876, Antoine Rabuteau disait à ses auditeurs, pour la plupart étudiants en médecine :

« On appelle *fluor* ou *phthore,* un métalloïde qui existe » à l'état de combinaison dans les *fluorures,* groupe de » corps comparables par leurs propriétés générales aux » chlorures, aux bromures et aux iodures dont je vous ai » déjà parlé. Les chimistes ont souvent tenté de le faire » sortir de ses combinaisons, mais jusqu'à présent ils » n'ont pas réussi à l'isoler. *Il est cependant extrêmement* » *probable qu'ils y parviendront bientôt.* »

Rabuteau citait les résultats obtenus par Nicklès, en 1856-1857, dans ses recherches sur la diffusion du fluor : les analyses de Berzelius établissant l'existence du fluorure de calcium dans les os de l'homme, dans l'émail des dents, etc.

1878

Dans plusieurs Revues scientifiques, dans plusieurs articles ou monographies de Dictionnaires, on fait ressortir l'analogie qui existe entre les fluorures, les chlorures, les bromures, les iodures, et qui a pour conséquence directe l'analogie entre les éléments fluor, chlore, brome, iode, etc.

Il fallait attendre encore 8 années jusqu'au jour où Henri Moissan réussirait à isoler le fluor par l'électrolyse de *l'acide fluorhydrique anhydre.*

Documents récents

Parmi les résultats importants obtenus dans les recherches relatives au fluor libre et à ses combinaisons, il faut citer, en première ligne, la liquéfaction du fluor, par Moissan et Dewar, puis la préparation directe des trifluorure, pentafluorure et oxyfluorure de phosphore par Moissan.

Ces trois composés, $PhFl^3$, $PhFl^5$, $PhOFl^3$, sont gazeux ; il est intéressant de remarquer qu'ils correspondent exactement aux trichlorure, pentachlorure et oxychlorure de phosphore, $PhCl^3$, $PhCl^5$, $PhOCl^3$. Mais l'état physique sous lequel les dérivés chlorés se présentent, est absolument différent ; en effet, le trichlorure et l'oxychlorure sont liquides, et le pentachlorure est solide.

Moissan a obtenu, en outre, un *bromo-fluorure*, $PhFl^3.Br^2$ correspondant au bromo-chlorure $PhCl^3,Br^2$.

Moissan et Lebeau ont découvert un hexafluorure de soufre SFl^6, le fluorure de sulfuryle, SO^2Fl^2, le fluorure de thionyle, $SOFl^2$, et le tétrafluorure de thionyle $SOFl^4$.

Notes et Documents sur le Chlore

Le chlore a été découvert, dès l'année 1774, par Scheele. Parmi les documents anciens concernant le chlore, le plus intéressant m'a semblé être celui qui a trait à la constitution de cet élément, que l'on a longtemps considéré comme étant oxygéné.

« Lavoisier et Berthollet, dit A. Wurtz dans son Histoire des doctrines chimiques (note 1, p. 87), envisageaient l'acide chlorhydrique (*muriatique*) comme renfermant un radical inconnu uni à l'oxygène. On sait que le chlore décompose l'eau à la lumière, avec formation d'acide chlorhydrique et dégagement d'oxygène. Ce fait a porté Berthollet à admettre que le chlore est un composé d'acide muriatique et d'oxygène. Il admettait que le radical inconnu de l'acide muriatique peut former avec l'oxygène diverses combinaisons, savoir :

» Avec une petite quantité d'oxygène, l'acide muriatique;

» Avec une proportion plus grande, l'acide muriatique oxygéné (le chlore) ;

» Avec la proportion la plus forte, l'acide hyperoxymuriatique (l'acide du chlorate de potasse).

» Cette théorie était conforme aux idées de Lavoisier. Elle faisait rentrer les chlorures (*muriates*) dans la classe des sels oxygénés. Elle a régné jusqu'en 1810,

» époque à laquelle Davy a démontré que l'interprétation » la plus simple des faits relatifs au gaz jaune découvert » par Scheele était d'envisager ce corps comme un corps » simple, auquel il donna le nom de chlore. »

En France, Gay-Lussac et Thénard montrèrent, par des méthodes originales, que la conclusion de Davy était exacte.

La découverte de l'iode et du brome apporta un nouvel appoint aux idées de Davy, Gay-Lussac et Thénard.

PROCÉDÉS DE PRÉPARATION : Les deux plus anciens procédés sont ceux de Scheele (MnO^2 et HCl) et de Berthollet (MnO^2, $NaCl$ et SO^4H^2). Mais une foule d'autres réactions ont été proposées, et parmi elles s'en trouvent plusieurs qui offrent un réel intérêt scientifique :

1° On a fait réagir l'acide chlorhydrique, à chaud, sur le bioxyde de plomb ; la réaction est :

$$PbO^2 + 4HCl = PbCl^2 + 2Cl + H^2O \text{ (1)}$$

2° On a proposé d'oxyder l'acide chlorhydrique par l'acide azotique. Pour cela, on chauffait un mélange de sel marin, d'azotate de sodium et d'acide sulfurique,

$$2(AzO^2OH) + 2HCl = 2AzO^2 + 2Cl + 2H^2O$$

On dirigeait le mélange gazeux à travers l'acide sulfurique concentré qui absorbait le peroxyde d'azote.

3° Le procédé Mallet consiste à faire arriver de l'air sur du chlorure cuivreux ; il se fait un *oxy-chlorure* :

$$Cu^2Cl^2 + O = Cu^2OCl^2$$

---

(1) Si l'acide chlorhydrique est à basse température, il n'y a pas de dégagement de gaz (Rivot, Daguin et Beudant).

Traité par l'acide chlorhydrique, cet oxy-chlorure subit la décomposition suivante :

$$Cu^2OCl^2 + 2HCl = H^2O + Cu^2Cl^2 + 2Cl$$

Le chlorure cuivreux régénéré peut fixer de l'oxygène à nouveau, etc.

4° Les procédés Clemm, Macqueen et Binks indiquent l'action de la chaleur sur un mélange de chlorure de magnésium et de bioxyde de manganèse :

$$2MgCl^2 + MnO^2 = 2MgO + MnCl^2 + Cl^2$$

Procédés de fabrication. — Je jetterai maintenant un rapide coup d'œil sur les procédés industriels.

Le plus ancien procédé consiste à faire réagir dans des appareils spéciaux le bioxyde de manganèse et l'acide chlorhydrique.

Un très grand nombre de procédés ont été proposés ensuite.

Le procédé Weldon mérite une mention spéciale, à cause de la régénération du bioxyde de manganèse. Cet oxyde, en effet, est d'un prix élevé ; aussi la réaction de Weldon a-t-elle été précieuse au point de vue économique. Elle est aussi remarquable au point de vue de la chimie pure, et je vais la rappeler brièvement :

On traite la solution acide du chlorure manganeux par un lait de chaux ; on dirige un courant d'air rapide à travers la liqueur ; il se produit d'abord du protoxyde de manganèse,

$$a)\ MnCl^2 + CaO = MnO + CaCl^2$$

puis, en présence de l'excès de chaux, un manganite de calcium :

$$b)\ MnO + O + CaO = MnO^3Ca$$

Ce manganite peut être traité, à nouveau, par l'acide chlorhydrique, et on obtient un nouveau dégagement de chlore :

$$c)\ MnO^3Ca + 6HCl = MnCl^2 + CaCl^2 + Cl^2 + 3H^2O$$

Les procédés Deacon, Deacon et Hurter, ont cherché à éviter la dépense d'acide chlorhydrique qu'entraîne le procédé Weldon, et qui est forte. Au lieu d'oxyder l'hydrogène d'HCl par le peroxyde de manganèse, ces chimistes ont fait intervenir l'oxygène de l'air ; ils amènent donc un mélange d'air et de gaz chlorhydrique, à + 400°, au contact de substances poreuses imbibées d'une solution concentrée de sulfate de cuivre ; dans ces conditions, il y a dégagement de chlore :

$$2HCl + O = Cl^2 + H^2O$$

Dans le procédé Vogel-Laurent (1855 et 1860), le mélange de gaz chlorhydrique et d'air arrive sur du chlorure de cuivre, au rouge ; on a :

$$a)\ 2(CuCl^2) = Cl^2 + Cu^2Cl^2$$
$$b)\ Cu^2Cl^2 + O + 2HCl = H^2O + 2(CuCl^2)$$

Le procédé Weldon-Péchiney utilise les composés magnésiens :

L'oxychlorure de magnésium est desséché, puis décomposé par un courant d'air, au rouge :

$$MgO.MgCl^2 + O = Cl^2 + 2MgO$$

Comme il reste toujours un peu d'humidité, il arrive que l'eau réagit partiellement, et on recueille de l'acide chlorhydrique, lequel est directement utilisable :

$$MgO.MgCl^2 + H^2O = 2HCl + 2MgO$$

Aujourd'hui, on a recours à l'électrolyse du chlorure de potassium ; le chlore se dégage à l'anode ; à la cathode, il se produit de la potasse :

$$2KCl + O = 2Cl + K^2O$$

On emploie beaucoup aujourd'hui le chlore liquéfié, que l'on enferme dans des cylindres très portatifs.

D'après les déterminations les plns récentes, le chlore liquide bout à — 33°,5 et se solidifie à — 102°.

Notes et Documents sur le Brome et sur l'Iode

Il y a un rapprochement intéressant à faire entre les trois procédés de préparation du chlore, du brome, et de l'iode.

La réaction de Berthollet (MnO^2, NaCl, SO^4H^2) qui donne le chlore

a) $MnO^2 + 2NaCl + 2SO^4H^2 = SO^4Mn + SO^4Na^2 + 2H^2O + 2Cl$;

s'applique aussi à l'obtention du brome et de l'iode :

b) $MnO^2 + 2NaBr + 2SO^4H^2 = SO^4Mn + SO^4Na^2 + 2H^2O + 2Br$

c) $MnO^2 + 2NaI + 2SO^4H^2 = SO^4Mn + SO^4Na^2 + 2H^2O + 2I$

Le brome fut découvert, en 1826, par Balard, professeur à l'Université de Montpellier, dans les eaux mères des marais salants de la Méditerranée. Il eut l'idée de traiter ces eaux mères par le chlore, qui déplaça le brome des bromures qui y étaient contenus :

$$NaBr + Cl = NaCl + Br$$

Balard isola le brome par distillation, et sut reconnaître qu'il était distinct du chlore et de l'iode, tout en présentant de remarquables analogies avec eux. Ainsi fut complétée la première famille des métalloïdes.

DENSITÉ DE VAPEUR DE L'IODE. — Jusque vers 600°, la densité de vapeur correspond à I^2 pour la molécule ; mais, aux hautes températures (1600°), on trouve des nombres conduisant à la formule I. La molécule de l'iode se dédouble donc à température très élevée.

NOTES ET DOCUMENTS SUR L'OXYGÈNE ET L'OZONE

La découverte de l'oxygène, en 1774, fut un événement capital dans la science chimique qui naissait à peine. Salet dit avec raison, dans l'article Oxygène du dictionnaire de Wurtz : « Toute la chimie dualistique, celle de » Lavoisier et de Berzélius, repose sur l'histoire de l'oxygène et de ses composés. »

L'oxygène a été découvert, en 1774, par Priestley, mais c'est Lavoisier qui en a fait l'étude la plus complète et la plus remarquable au point de vue chimique et biologique.

Les procédés historiques de préparation du gaz oxygène sont la décomposition de l'oxyde de mercure par la chaleur et l'action de l'acide sulfurique sur le bioxyde de manganèse (Scheele).

Il est à remarquer que cette dernière réaction,

$$MnO^2 + SO^4H^2 = O + SO^4Mn + H^2O$$

est encore usitée pour les oxydations ménagées, en chimie organique.

EXTRACTION DE L'OXYGÈNE DE L'AIR. — Le procédé Boussingault a toujours une grande importance ; en voici le principe : la baryte est portée au rouge dans un courant d'air ; il se fait du bioxyde de baryum,

$$BaO + O = BaO^2$$

On élève la température à 800° environ, ce qui amène la réaction inverse :

$$BaO^2 = O + BaO$$

MM. Brin ont perfectionné ce procédé en faisant le vide au-dessus du bioxyde, dont la décomposition se trouve ainsi accélérée.

On avait remarqué qu'au bout d'un certain temps, la baryte absorbait l'oxygène de plus en plus difficilement.

Le procédé Tessié du Motay repose sur la facile oxydation du bioxyde de manganèse au contact des alcalis et sur la décomposition du manganate produit, à 450° environ :

$$a)\ MnO^2 + O + Na^2O = MnO^4Na^2$$
$$b)\ MnO^4Na^2 = O + Na^2O + MnO^2$$

On dirige l'air sur le mélange de soude et de bioxyde chauffé, puis on décompose le manganate par la vapeur d'eau surchauffée.

L'oxygène a été liquéfié par Cailletet, Pictet, Wroblewski et Olzewski ; il bout à — 181°,4 ; sa densité est un peu plus faible que celle de l'eau.

DOCUMENTS RÉCENTS

Aujourd'hui, on fabrique l'oxygène pur en électrolysant une solution de soude à 25 0/0.

OZONE

La constitution de l'ozone a donné lieu à des discussions d'un grand intérêt scientifique.

L'ozone a été découvert par Schoenbein, en 1840. Ce sont les travaux de Marignac, de la Rive, Becquerel, Fremy, Soret, qui ont établi la véritable nature de l'ozone et montré que ce gaz est de l'*oxygène condensé*. Les chimistes sont aujourd'hui d'accord pour le représenter par la formule O^3.

L'expérience conduit, en effet, à cette conclusion que 3 volumes d'oxygène se condensent, sous l'influence de l'effluve, en 2 volumes d'ozone.

On a d'abord préparé l'ozone, en faisant agir l'étincelle électrique sur l'oxygène. Mais on a reconnu que la température de l'étincelle était trop élevée et détruisait en grande partie l'ozone, à mesure qu'il se produisait. On a alors employé l'effluve ou décharge obscure. M. Berthelot a fait connaître le meilleur appareil ozoniseur que nous connaissions.

Les propriétés fondamentales de l'ozone avaient été bien établies par les savants que j'ai cités tout à l'heure. MM. Hautefeuille et Chappuis ont montré qu'il fallait *effluver* l'oxygène à très basse température pour obtenir un bon rendement en ozone; ils ont ensuite découvert que l'ozone, vu sous une épaisseur assez grande, était bleu. Enfin, ils l'ont liquéfié. L'ozone liquide constitue un liquide bleu foncé, bouillant à — 119°.

On doit à M. Chappuis l'étude du spectre d'absorption de l'ozone.

Notes et documents sur le soufre

Le soufre se distingue de tous les autres éléments par le nombre considérable de variétés allotropiques sous lesquelles il se présente. M. Engel a eu le mérite, en 1891, de découvrir deux variétés nouvelles, l'une soluble dans le chloroforme et cristallisée en rhomboèdres ; l'autre *soluble dans l'eau* et très instable.

La première a été obtenue en versant dans deux volumes d'une solution d'acide chlorhydrique, saturée à + 25° ou 30° et refroidie à — 10°, un volume d'une solution également saturée à + 15° d'hyposulfite de soude.

La seconde variété a pris naissance, lorsqu'on a abandonné à elle-même une solution chlorhydrique d'acide hyposulfureux. Le soufre qui se sépare alors est en flocons solubles dans l'eau; ces flocons ne tardent pas à s'agglomérer en se transformant en soufre mou.

Industrie du soufre.— On sait que dans le procédé Leblanc pour la fabrication de la soude, on obtient du sulfure de calcium. On est arrivé à transformer ce sulfure en hydrogène sulfuré, en le traitant par le chlorure de magnésium à chaud :

$$MgCl^2 + CaS + H^2O = H^2S + CaCl^2 + MgO$$

On fait agir le gaz sulfureux sur l'hydrogène sulfuré produit, en présence d'une solution de chlorure de calcium ; il se fait un dépôt de soufre :

$$SO^2 + 2H^2S = 3S + 2H^2O$$

Ce procédé qui permet d'utiliser le sulfure de calcium, et d'extraire le soufre de l'hydrogène sulfuré, est dû à Schaffner et Helbig.

Un autre procédé, tout aussi intéressant, a été établi par Schaffner et Mond. Voici sur quelle suite de réactions il est basé :

En présence de l'air humide, le sulfure de calcium se transforme peu à peu en disulfure de calcium :

$$a)\ 2CaS + O + CO^2 = CO^3Ca + CaS^2$$

Le disulfure de calcium se transforme par oxydation à l'air en hyposulfite :

$$CaS^2 + 3O = S^2O^3Ca$$

Vient-on à traiter le mélange de disulfure et d'hyposulfite par l'acide chlorhydrique, il se précipite du soufre aussitôt :

$$S^2O^3Ca + 2CaS^2 + 6HCl = 3CaCl^2 + 6S + 3H^2O$$

Densité de vapeur du soufre. — Au-dessus de 1000°, la densité de vapeur du soufre devient constante et correspond à la formule très simple S^2. Vers 475°, c'est-à-dire à une température assez supérieure au point d'ébullition, la densité de vapeur répond à S^8 environ. Elle décroît alors, pour demeurer sensiblement constante entre 485° et 525° ; entre ces limites de température, elle conduit à la formule S^6 ; à partir de 525°, elle diminue assez régulièrement jusqu'à 1000° ; au dessus de 1000°, elle devient constante.

Les recherches cryoscopiques ont montré que la molécule du soufre dissous dans le sulfure de carbone doit être représentée par S^8.

NOTES ET DOCUMENTS SUR LE SÉLÉNIUM ET LE TELLURE

Comme le soufre, le sélénium présente plusieurs variétés allotropiques. On a successivement distingué le *sélénium noir*, le *sélénium rouge cristallisé*, le *sélénium rouge amorphe et insoluble dans le sulfure de carbone ;* le *sélénium rouge amorphe et soluble dans le sulfure de carbone.*

D'après les déterminations de Troost, le sélénium pur bout à 665° sous une pression voisine de la pression normale.

May a découvert que certains échantillons de sélénium possèdent une résistance électrique qui varie suivant l'éclairement. Cette résistance augmente si le sélénium est dans l'obscurité, et diminue lorsqu'il est exposé à la lumière. On a observé ensuite que c'est le sélénium cristallisé qui est le plus sensible aux radiations lumineuses.

Graham Bell s'est basé sur cette curieuse propriété pour construire son *photophone*, appareil très ingénieux, par lequel on peut transmettre au loin des sons, en se servant de rayons lumineux.

Parmi les composés les plus intéressants du sélénium, je signalerai le *séléniure de carbone*

$$CSe^2$$

découvert par Rathke, et qui correspond exactement au sulfure de carbone CS^2 ; la sélénio-urée, de Verneuil,

$$CSeAz^2H^4 \text{ analogue à la sulfo-urée } CSAz^2H^4 ;$$

le séléniure d'azote, SeAz, qui correspond au sulfure

d'azote SAz, et au bioxyde d'azote AzO ; les combinaisons de l'anhydride sélénieux avec les hydracides,

$$SeO^2,2HCl \; ; \; SeO^2,4HCl \; ; \; SeO^2,4HBr \text{ etc.}$$

obtenues par Ditte.

Berzélius d'abord, puis Wöhler et Déan, Little, Uelsmann, Schneider, Ditte, Margottet, Fabre, et, tout récemment, Fonzes-Diacon, ont préparé de nombreux séléniures.

Le travail de Fonzes-Diacon renferme la description de plusieurs procédés nouveaux de préparation. Parmi les conclusions de son mémoire, j'en relève une qui est fort intéressante ; c'est celle qui a trait à la différence entre les sulfures et les séléniures.

« L'action de l'oxygène, dit-il, les différencie nettement ; » les séléniures par oxydation directe à haute température, » se transforment en *sélénites,* alors que dans les mêmes conditions les sulfures donnent des *sulfates.* »

« L'acide nitrique, même fumant, ne les oxyde pas plus » énergiquement. »

On doit à Chabrié un travail d'un grand intérêt sur les chlorures de sélénium, $SeCl^4$ et $SeCl^2$. En prenant les densités de vapeur de ces dérivés, à + 360°, par la méthode de Meyer, cet auteur a observé que le perchlorure se dédouble de la manière suivante :

$$2SeCl^4 = Se^2Cl^2 + 3Cl^2$$

Chabrié a réussi à préparer $SeCl^4$ très pur et très bien cristallisé. Le même auteur a fait connaître, en outre, un grand nombre de dérivés organiques séléniés.

On doit à Kienlen un bon procédé industriel pour extraire le sélénium des boues qui prennent naissance dans le cours de la fabrication du carbonate de soude par le procédé Leblanc.

Densité de vapeur. — Les nombres trouvés par Biltz conduisent à la formule Se^2 pour la molécule.

Tellure

Le tellure correspond par l'ensemble de ses combinaisons, au soufre et au sélénium ; c'est pour cette raison qu'il doit être maintenu dans la seconde famille des Métalloïdes. MM. Berthelot et Fabre ont distingué une variété *amorphe* et une variété *cristallisée* de tellure. Ils ont étudié ces 2 variétés au point de vue thermique :

Te crist. changé en Te amorphe dégage : $+ 12^{cal.}096$.

Les mêmes savants ont déterminé la chaleur de formation de l'acide tellurhydrique :

$$H\ gaz + Te\ crist. = HTe\ gaz - 17^{cal.}52.$$

Parmi les travaux les plus récents, je citerai ceux de H. Biltz, qui a déterminé le poids moléculaire du tellure, en prenant la densité de vapeur entre 1750° et 1800° : la molécule du tellure doit être représentée par la formule Te^2 ; à ce point de vue donc, le tellure se rapproche aussi du sélénium (voir plus haut).

Brauner a déterminé le poids atomique du tellure, en analysant le tétrabromure de tellure ; il a trouvé le nombre 127,71, assez voisin, comme on le voit, de 128, qui est généralement adopté. Je rappelle que Wills avait trouvé, antérieurement, des nombres se rapprochant de 125,5 (moyenne).

Brauner a obtenu une modification nouvelle de l'acide

tellurique TeO^4H^2, qui avait été prédite par Berzélius. Cette modification paraît correspondre aux *tellurates jaunes*, tandis que l'acide tellurique ordinaire correspond aux *tellurates blancs*.

Notes et Documents sur l'Azote

Le nom *d'azote* est dû à Lavoisier, qui a séparé l'oxygène d'avec l'azote dans sa célèbre expérience sur l'air atmosphérique.

L'azote a été découvert presque en même temps par Scheele et par Rutherford (1772); J. Mayow l'avait entrevu vers 1670. Berthollet a su reconnaître que l'ammoniaque et l'acide cyanhydrique étaient des composés azotés.

Expérience de Scheele sur l'air atmosphérique. — Cette mémorable expérience est moins connue dans ses détails que l'expérience de Lavoisier; je crois devoir la relater ici, dans un intérêt historique général. Je laisse la parole à Debray (Cours élémentaire de Chimie, 3me édition, 1870, p. 59) :

« A l'époque où Lavoisier faisait ses expériences sur » l'air, Scheele démontrait que l'air diminuait de volume » au contact des sulfures alcalins, mais en laissant tou- » jours un volume fixe d'un résidu gazeux, dans lequel la » vie et la combustion étaient impossibles. Ce gaz avait » toutes les propriétés de l'azote et sa proportion dans » l'air était, d'après l'illustre Suédois, un peu moindre » que les 4/5 du volume primitif. Cette expérience facile » à interpréter quand on connaît la propriété que les sul-

» fures alcalins ont d'absorber l'oxygène, n'est pas aussi
» propre que celle de Lavoisier à établir la composition
» de l'air d'une façon incontestable, puisqu'elle ne permet
» pas de régénérer la portion de l'air absorbée par le
» sulfure ; mais elle conduit, comme méthode d'analyse,
» à des résultats plus précis. Le mercure n'absorbe que
» très difficilement l'oxygène raréfié, tandis que les
» sulfures alcalins l'enlèvent complétement à l'air ; à la
» vérité, un peu d'azote peut être également absorbé par
» eux, de telle sorte que le volume de l'azote est un peu
» trop faible ; mais, dans l'expérience de Lavoisier, il est
» beaucoup trop fort. L'air contient, en effet, 21 p. d'oxy-
» gène pour 79 p. d'azote, au lieu de 12 ou 14 d'oxygène
» pour 88 ou 86 p. d'azote données par cette expérience. »

La densité de l'azote a pris tout récemment une grande importance. En effet, c'est en comparant la densité de l'azote atmosphérique avec la densité de l'azote préparé par l'azotite d'ammonium etc., que Lord Rayleigh a été amené à la découverte de l'argon.

L'azote a été liquéfié par Cailletet, puis par Olzewski ; il bout à — 194°,5 et se solidifie vers - 103°.

Les composés oxygénés de l'azote ont été étudiés, au point de vue thermique, par M. Berthelot qui a démontré qu'ils sont tous formés avec absorption de chaleur.

M. Divers a découvert un nouvel acide oxygéné de l'azote, l'*acide hypoazoteux*, auquel revient la formule

$$Az^2O^2H^2 = Az^2 < \begin{matrix} OH \\ OH \end{matrix}$$

C'est un acide bibasique.

MM. Hautefeuille et Chappuis ont découvert l'*anhydride hyperazotique* AzO^3, gaz incolore, offrant un spectre d'absorption caractéristique.

Parmi les composés intéressants de l'azote, je dois citer le sulfure d'azote, AzS, correspondant au bioxyde, AzO. Découvert par Soubeiran, il a été bien étudié par Fordos et Gélis, puis par E. Demarçay.

A côté de l'ammoniaque, AzH^3, et de l'hydroxylamine ou *oxy-ammoniaque*, $AzH^2.OH$, figurent aujourd'hui deux nouveaux dérivés hydrogénés de l'azote, l'acide *azothydrique*, Az^3H, qui présente plusieurs analogies avec les hydracides, et fonctionne comme monobasique; et l'*hydrazine*

$$Az^2H^4 = AzH^2 - AzH^2$$

qui se combine aux acides et constitue une base.

Le sodium et le potassium donnent avec l'ammoniaque liquéfiée les deux dérivés :

AzH^3Na et AzH^3K (Weyl, M. Joannis)

le *sodammonium* et le *potassammonium*.

On connaît aussi les *amidures* correspondants:

AzH^2Na et AzH^2K.

L'amidure de sodium se transforme, lorsqu'on le chauffe à l'abri de l'air, en ammoniaque et azoture :

$3AzH^2Na = 2AzH^3 + AzNa^3$ (Gay-Lussac et Thénard).

Il est intéressant de remarquer que ces deux amidures prennent naissance dans l'action des métaux alcalins sur le gaz ammoniac bien sec. Découvert par Gay-Lussac et Thénard, l'amidure de sodium a été étudié par ces savants, puis par Davy, Beilstein et Geuther, etc.

Les halogènes, tels que le chlore, le brome et l'iode, peuvent donner, sous certaines conditions, avec l'azote, des dérivés peu stables :

le chlorure d'azote, $AzCl^3$;
le bromure d'azote, $AzBr^3$;
l'iodure d'azote, $Az^2H^3I^3(AzH^3.AzI^3)$.

Notons, enfin, l'absorption de l'azote, à diverses températures, par les métaux alcalino-terreux (Maquenne), par le lithium (Guntz), par le magnésium, etc., réaction qui a permis de séparer l'argon de l'azote, et, par conséquent, de préparer l'argon.

Notes et Documents sur le Phosphore

La découverte du phosphore est due à Brand (1669) ; mais il paraît certain que Kunckel, puis Boyle, ont fait la même découverte, sans avoir eu connaissance du procédé de l'alchimiste allemand.

Gahn eut le mérite de reconnaître, le premier, que les os renfermaient du phosphate de chaux, et Scheele profita de cette observation, en parvenant à réduire l'acide phosphorique du phosphate au moyen du charbon.

L'étude du phosphore a été faite par un très grand nombre de chimistes, parmi lesquels il convient de citer Mitscherlich, Schroetter, Hittorf, Davy, Desains, Dalton, Pelletier, Regnault, Sérullas, Dumas, Deville, Troost, Hautefeuille, Moissan, etc.

Dans la série des phosphures d'hydrogène, il est à remarquer que la condensation du noyau phosphoré va en augmentant, depuis le dérivé gazeux jusqu'au dérivé solide :

$$[Ph]H^3 ; [Ph]^2H^4 ; [Ph]^4H^2.$$

L'hydrogène phosphoré gazeux se combine aux hydracides, mais dans des conditions très différentes ; pour obtenir le chlorhydrate (*chlorure de phosphonium*)

$$PhH^4Cl$$

il faut faire intervenir la pression ou le froid.

Dans les notes sur le fluor, j'ai déjà parlé des combinaisons fluorées et chlorées ; les dérivés bromés

$$PhBr^3;\ PhBr^5,\ PhOBr^3$$

leur correspondent.

Dans la série des iodures, PhI^3 est analogue à $PhFl^3$, $PhCl^3$, etc., mais l'autre iodure

$$Ph^2I^4$$

appartient à un autre type ; c'est un di-iodure.

Les combinaisons sulfurées

$$PhSCl^3 \text{ et } PhSBr^3$$

correspondent bien aux oxychlorure et oxybromure.

Les composés oxygénés du phosphore, depuis les sous-oxydes jusqu'aux anhydrides et acides, sont parfaitement connus. Mais deux acides méritent une mention spéciale ; ce sont :

1° L'*acide hypophosphorique* $Ph^2O^6H^4$, découvert par Salzer ;

2° L'*acide pyrophosphoreux* $Ph^2O^5H^4$, découvert par Amat.

Le premier se produit dans l'oxydation du phosphore à l'air humide ; il est tétrabasique ; il a été étudié par Salzer, puis par Joly.

Le second résulte de la déshydratation de 2 molécules d'acide phosphoreux

$$2(PhO^3H^3) - H^2O = Ph^2O^5H^4$$

Il est très peu stable ; ses sels sont définis.

Les combinaisons sulfurées du phosphore, qui ont été si bien étudiées par Lemoine, Isambert, Ramme, etc., sont au nombre de quatre, répondant à un type particulier, sauf le *pentasulfure*, analogue à Ph^2O^5 :

$$Ph^4S^3 ; Ph^4S^6 ; PhS^2 \text{ ou } PH^2S^4 ; Ph^2S^5.$$

Le sélénium donne des combinaisons analogues.

Allotropie. — Entrevue, en 1800, par Bœckmann, la transformation du phosphore blanc en phosphore rouge a été scientifiquement observée, pour la première fois, par E. Kopp (1844). Schroetter a fait de patientes recherches sur ce sujet ardu, et a indiqué un procédé industriel pour la préparation du phosphore rouge. Troost et Hautefeuille ont rattaché le phénomène d'allotropie du phosphore à la grande loi de la dissociation.

Il est inutile d'insister ici sur les différences tout à fait remarquables que présentent dans leurs propriétés les deux variétés de Ph.

Je rappelle, à la fin de cette note, que le poids atomique du phosphore est 31, le poids moléculaire étant quadruple (124). La molécule de phosphore est donc formée de 4 atomes et doit être représentée par la formule

$$[Ph]^4.$$

Selon une remarque intéressante de Dumas, le phosphore et l'arsenic (dont la molécule est aussi tétratomique) ont sensiblement les mêmes volumes atomiques :

Vol. atom. de Ph. . . . 13,5
Vol. atom. de As. . . . 13,2

Notes et Documents sur l'Arsenic

L'arsenic était connu des premiers alchimistes ; il a été scientifiquement étudié par Berzélius. On le trouve à l'état de sulfures. Il se présente sous la forme de variétés allotropiques étudiées par Bettendorf, puis par M. Engel. Suivant ce dernier auteur, la variété amorphe est analogue au phosphore blanc. La vapeur d'arsenic est phosphorescente, au-dessus de 200°, dans l'oxygène dilué. La molécule d'arsenic renferme 4 atomes (voyez plus haut)

$$[As]^4$$

Le poids atomique est 75 ; le poids moléculaire est quadruple (300). Je viens d'indiquer le volume atomique.

Par le type de ses combinaisons, l'arsenic appartient nettement à la famille de l'azote et du phosphore.

Il fournit deux hydrures ; l'un, AsH^3, est gazeux ; l'autre, As^2H ou As^4H^2, est solide.

Les combinaisons suivantes : $AsFl^3$, $AsCl^3$, AsI^3, etc., correspondent bien à $PhFl^3$, $PhCl^3$, PhI^3.

Mais la ressemblance avec le phosphore apparaît surtout lorsque l'on considère les composés oxygénés :

As^2O^3	Ph^2O^3
As^2O^5	Ph^2O^5
AsO^3H^3	PhO^3H^3
AsO^4H^3	PhO^4H^3
$As^2O^7H^4$	$Ph^2O^7H^4$
AsO^3H	PhO^3H.

L'acide *métarsénique* AsO^3H correspond également bien à l'acide azotique AzO^3H.

Des deux sulfures As^2S^2 et As^2S^3, le dernier est le plus important au point de vue chimique, parce qu'il s'unit aux sulfures pour former des sels, en général complexes, les *sulfarsénites*, bien étudiés par Nilson.

Le pentasulfure d'arsenic, As^2S^5, analogue à Ph^2S^5, fournit avec les sulfures des *sulfarséniates*, découverts et étudiés par Berzélius.

On a décrit un *séléniure*, As^2Se^3, qui correspond au trisulfure As^2S^3.

Notes et Documents sur le Bore

Le bore est un élément trivalent ; il paraît se rapprocher sous ce rapport, comme par la constitution de plusieurs de ses dérivés, de l'arsenic et du phosphore. En réalité, il se sépare de la 3e famille des Métalloïdes par l'ensemble de ses propriétés ; il fait bande à part.

Plusieurs chimistes ont fait effectivement remarquer que le bore se rapproche de certains métaux, et notamment de l'aluminium, par quelques propriétés physiques.

L'anhydride borique Bo^2O^3 appartient sans doute au même type que Az^2O^3, Ph^2O^3, As^2O^3, mais, par sa grande stabilité, par sa résistance aux agents chimiques très énergiques, il se rapproche nettement de l'alumine.

L'hydrogène boré, BoH^3, est beaucoup moins stable que AzH^3 et PhH^3.

L'acide borique, BoO^3H^3, possède une composition analogue à AsO^3H^3, PhO^3H^3 ; l'acide métaborique BoO^2H correspond à AzO^2H, mais ce qui caractérise les dérivés oxygénés du bore, et ce qui les singularise, c'est leur type, qui est extrêmement varié, et surtout leur complexité.

Le borax, $Bo^4O^7Na^2$, correspond à un *acide tétraborique* $Bo^4O^7H^2$, résultant de la déshydratation de 4 molécules d'acide borique ordinaire, lesquelles perdent 5 molécules d'eau,

$$4BoO^3H^3 = 5H^2O + Bo^4O^7H^2.$$

On connaît, en outre, des sels bien définis qui correspondent aux acides suivants :

$$Bo^3O^2(OH)^5 ; Bo^4O^3(OH)^6 ; Bo^5O^4(OH)^7 \text{ etc.}$$

Il est intéressant de remarquer une particularité de plus dans la chimie du bore ; on ne connaît pas de sels de l'acide borique ordinaire, mais on connaît plusieurs de ses éthers, qui sont parfaitement stables :

$$BoO^3(CH^3)^3 ; BoO^3(C^2H^5)^3 \text{ etc.}$$

L'azoture de bore, BoAz, présente une réaction intéressante ; la vapeur d'eau le décompose avec formation de gaz ammoniac et d'acide borique,

$$BoAz + 3H.OH = AzH^3 + Bo(OH)^3$$

On a voulu expliquer, par cette réaction, la genèse de l'acide borique dans les émanations des *suffioni*. (1)

Le bore se combine, à haute température, au carbone et à l'aluminium. On a décrit aussi des *boro-carbures* d'aluminium.

---

(1) Dumas supposait que l'acide borique des *suffioni* résultait de l'action de la vapeur d'eau sur le sulfure de bore naturel :

$$Bo^2S^3 + 6H^2O = 3H^2S + 2(BoO^3H^3)$$

Moissan a préparé le bore amorphe pur en réduisant l'anhydride borique par le magnésium en poudre ; il a montré ensuite que le bore peut déplacer le carbone dans la fonte en fusion.

Moissan et Charpy ont réussi à préparer un *acier au bore*.

Moissan, en faisant agir, soit le chlorure de bore sur le fer réduit, soit directement le bore sur le fer, a obtenu un *borure de fer :*

$$BoFe.$$

Moissan a donné un procédé très exact de dosage du bore.

Notes et Documents sur le Carbone

Le carbone a été considéré, pour la première fois, comme un élément, par Lavoisier. C'est le même chimiste qui a montré que la combustion du diamant donne de l'anhydride carbonique pur. Le diamant a été étudié par d'Arcet, Rouelle, Guyton de Morveau, Dumas et Stas, Jacquelain, Despretz, Regnault, Deville, etc. Je ne cite ici que les premiers travailleurs.

Moissan a reproduit du diamant, en faisant cristalliser le carbone dans la fonte en fusion et sous pression.

Le graphite a été étudié par Regnault, par Deville, qui l'a reproduit, par Brodie, qui a découvert l'*acide* ou *oxyde graphitique* résultant de l'action des oxydants énergiques sur le graphite.

Berthelot réserve le nom de graphite aux carbones capables de fournir le composé de Brodie ; il distingue trois variétés :

1° Le graphite de la plombagine naturelle ;

2° Le graphite de la fonte ;

3° Le graphite obtenu dans l'arc voltaïque.

A chacune de ces variétés correspondent des dérivés oxygénés particuliers (Berthelot).

Moissan a étudié un grand nombre de variétés de graphites, qu'il divise en *graphites foisonnants et non foisonnants* ; il a démontré que plusieurs métaux, tels que Al, Pt, Cr, Ur, Va, etc., pouvaient dissoudre du carbone lorsque la température était suffisamment élevée, et l'abandonner ensuite à l'état de graphite.

Il résulte d'autres expériences du même auteur que « tous les graphites obtenus par l'action seule d'une » température très élevée sur une variété quelconque de » carbone, ou par condensation de la vapeur de carbone, » ne présentaient pas trace de foisonnement sous l'action » de l'acide nitrique concentré. Au contraire, tous les » graphites préparés, à haute température, par solubilité » du carbone dans un métal quelconque en fusion, étaient » foisonnants.

» Le zirconium, le vanadium, le molybdène, le tungs- » tène, l'uranium, le chrome, fournissent des graphites » foisonnants. » (H. Moissan).

Les variétés amorphes du carbone ne présentent, à l'heure actuelle, aucun intérêt spécial. Rien n'a été fait, avec ces variétés, de comparable à ce qui a été fait avec le carbone et le graphite, variétés cristallisées.

Reste à examiner les analogies entre le carbone et le silicium, membres d'une même famille des Métalloïdes : ces analogies ressortent d'elles-mêmes, si l'on examine les dérivés oxygénés, sulfurés et hydrogénés du carbone et du silicium :

CO^2	SiO^2
CS^2	SiS^2
CH^4	SiH^4
CCl^4	$SiCl^4$
C^2H^6	Si^2H^6
C^2Cl^6	Si^2Cl^6, etc.

En étudiant le silicium, je signalerai encore d'autres rapprochements entre C et Si.

Notes et Documents sur le Silicium

Le silicium est nettement tétravalent, et sous ce rapport, sa place, dans une classification, est tout naturellement à côté du carbone (voyez plus haut).

Le *silicichloroforme* $SiHCl^3$, et le *silicibromoforme*, $SiHBr^3$, sont des dérivés minéraux, mais qui confinent, en quelque sorte, à la chimie organique par analogie évidente avec le chloroforme $CHCl^3$ et le bromoforme $CHBr^3$.

L'anhydride silicique donne un acide SiO^3H^2, qui correspond à l'acide carbonique CO^3H^2. Le silicate de calcium, SiO^3Ca, celui de magnésium, SiO^3Mg, dérivent bien de cet acide. Mais beaucoup de silicates sont plus complexes et doivent être rattachés à des *acides polysiliciques*, tels que

$Si^2O^5H^2$, acide di-silicique
et $Si^3O^7H^2$, acide tri-silicique, etc.

Le silicium présente, comme le carbone, une variété cristallisée et une variété amorphe.

Les différents procédés qui ont été utilisés pour préparer le silicium amorphe, et que l'on trouve décrits dans les traités classiques, ne fournissent pas ce métalloïde pur.

Il faut attendre à l'année 1895 pour voir paraître ce procédé dû à un élève de Moissan, M. Vigouroux. Ce chimiste prend les proportions de silice et de magnésium correspondant à SiO^2 et 2Mg, et y ajoute une quantité de magnésie égale au quart de leur poids. On chauffe vers 540° :

$$SiO^2 + 2Mg = 2MgO + Si$$

Moissan a fait fondre puis bouillir la silice dans le four électrique ; avec un courant de 380 ampères et 70 volts, il a volatilisé le silicium lui-même. En chauffant au four électrique un mélange de 12 gr. de carbone et 28 gr. de silicium, il a obtenu cristallisé un *siliciure de carbone*, découvert à l'état amorphe par Schützenberger. Ce siliciure a pour formule SiC ; c'est un *carborundum*, dont la densité = 3, 12, et qui est assez dur pour rayer l'acier chromé et le rubis.

Vigouroux a réduit la silice cristallisée par l'aluminium, dans le four électrique, et a obtenu *en quelques minutes* du silicium parfaitement cristallisé.

Moissan a réduit la silice par le charbon, sous l'action de l'arc électrique, et cette belle expérience lui a fourni un silicium pur.

Dans d'autres expériences, il a établi que le silicium peut déplacer le carbone dans une fonte en fusion. Il a préparé, au four électrique, un *siliciure de fer* $SiFe^2$ cristallisé, un *siliciure de chrome* $SiCr^2$, et il a constaté qu'à très haute température, « l'argent liquide dissout le sili-
» cium, mais l'abandonne à l'état cristallin au moment
» de sa solidification ».

De son côté, M. de Chalmot a préparé un siliciure de carbone cristallisé en chauffant, dans un four électrique, un mélange de chaux, de silice et de charbon. En remplaçant la chaux par d'autres oxydes, il a obtenu des siliciures de fer, de cuivre, d'argent et de manganèse.

D'après les travaux récents de M. P. Lebeau, les fontes siliceuses renferment tout le silicium à l'état combiné sous la forme d'un siliciure $SiFe^2$. M. Lebeau a obtenu, outre ce siliciure, les siliciures SiFe et Si^2Fe ; il a étudié les conditions de leur formation et de leur stabilité. Déjà, H. Moissan, dans son étude sur le siliciure de fer $SiFe^2$, avait observé que la combinaison du fer avec le silicium pouvait s'effectuer avant la fusion de l'un ou l'autre des éléments. Il y a donc lieu d'admettre une *cémentation du fer* et même d'autres métaux, par le silicium (Moissan, M. Lebeau).

TROISIÈME PARTIE

NOTES ET DOCUMENTS SUR LES MÉTAUX

Métaux étudiés :

Na ; K ; Cs ; Rb ; Li ; Tl ; H ; Ba ; Ca ; Sr ; Mg ; Mn ; Cr ; Al ; In ; Gl ; Au ; Pt ; Pd ; Ru ; Rh ; Os ; Ir.

Notes et Documents sur les Métaux alcalins

L'histoire de la découverte des Métaux alcalins est toujours d'actualité, à cause des applications de plus en plus nombreuses et importantes des procédés électrolytiques, dans les recherches scientifiques et industrielles.

C'est, en effet, par l'électrolyse de la potasse et de la soude, que Davy a découvert le potassium et le sodium (1807). Entre ses mains, la lithine a fourni le lithium.

Quant au césium, au rubidium et au thallium, ils ont été découverts grâce à l'analyse spectrale, par Kirchoff, Bunsen et Crookes. A côté du nom de Crookes, il est juste de citer celui de Lamy qui a isolé, le premier, le thallium par un procédé chimique.

Aux métaux alcalins, il convient d'ajouter l'ammonium AzH^4, et l'argent qui est monovalent comme les autres métaux que je viens de citer.

Les métaux alcalins décomposent l'eau à la température ordinaire : ils forment, avec l'oxygène, des oxydes anhydres, des hydrates, des peroxydes :

$$R^2O, RHO, R^2O^2 \text{ ou } R^2O^4.$$

Ils se combinent avec l'hydrogène.

Ils fournissent des sulfures et des polysulfures

$$R^2S, R^2S^2, R^2S^3, R^2S^4, R^2S^5$$

ainsi que des sulfhydrates, correspondant aux hydrates :

$$RHS \text{ etc.}$$

Le rubidium et le césium présentent de grandes analogies avec le potassium ; le sodium diffère du potassium par plusieurs caractères ; le lithium se rapproche du magnésium, et le thallium des métaux lourds.

TRAVAUX SUR LE SODIUM

HYDRURES. — Na absorbe H vers 350° ; il se forme un hydrure Na^2H plus fusible que Na et très stable (Troost et Hautefeuille). D'après Moissan, cet hydrure a pour formule NaH.

BIOXYDE, Na^2O^2. — A été découvert par Vernon-Harcourt ; on le prépare dans l'industrie en oxydant Na directement par l'oxygène, à 500° environ :

$$2Na + 2O = Na^2O^2$$

Il peut transformer l'eau en eau oxygénée ; il fournit un hydrate, $Na^2O^2 + 8H^2O$, très stable. M. de Forcrand a proposé de préparer l'eau oxygénée en traitant cet hydrate par l'acide chlorhydrique concentré. Gay-Lussac et Thénard avaient obtenu un sous-oxyde Na^4O ; M. de Forcrand a décrit un sous-oxyde Na^3O.

Les sous-oxydes de sodium décomposent l'eau à la température ordinaire.

Suivant Longi et Bonavia, le bioxyde de sodium oxyde rapidement les acides inférieurs du soufre à l'état d'anhydride sulfurique ; par contre, il n'exerce aucune action sur les iodures et les iodates. S'il est en solution concentrée, il oxyde l'iode libre ; en solution étendue, il est sans action sur cet élément.

Bamberger réduit le bioxyde de sodium, vers 350°, par le charbon de bois, le coke, ou le graphite :

$$3Na^2O^2 + 2C = 2(CO^3Na^2) + 2Na.$$

Glaser recommande l'emploi de Na^2O^2 pour le dosage du soufre dans les sulfures métalliques et les charbons.

Sodium-ammonium, AzH^3Na. — Moissan l'obtient dans l'action de Na sur le gaz ammoniac sec. C'est un composé facilement oxydable. L'acétylène le transforme d'abord en *acétylène sodé* C^2HNa, puis en *acétylure acétylénique*,

$$C^2Na^2.C^2H^2 \text{ (Moissan).}$$

Acétylures. — Matignon, en chauffant Na en présence de C^2H^2, au-dessous de 190°, fait l'*acétylène monosodé :*

$$C^2H^2 + Na = C^2HNa + H$$

Au-dessus de 210°, il se produit du *carbure de sodium*, ou *acétylène disodé :*

$$C^2H^2 + Na^2 = C^2Na^2 + H^2.$$

Action du sodium sur l'iodure de calcium. — Au rouge sombre, il y a réduction,

$$CaI^2 + 2Na = 2NaI + Ca.$$

Moissan, par cette réaction, a isolé du *calcium pur et cristallisé.*

Arséniure de sodium, $AsNa^3$. — M. Hugot l'a préparé par l'action de l'arsenic sur le sodammonium ; M. Lebeau, en chauffant l'arsenic avec un excès de sodium.

Bismuthure de sodium, $BiNa^3$. — Obtenu par Lebeau dans l'action du bismuth sur le sodium.

Antimoniure de sodium, $SbNa^3$. — Se forme dans la réaction de l'antimoine avec Na (Lebeau).

Stannure de sodium, $Sn\,Na^4$. — Obtenu directement (Lebeau).

Amalgames de sodium. — Il existe plusieurs de ces amalgames :

$$Hg^6Na, \quad Hg^5Na, \quad Hg^4Na.$$

Ces amalgames ont été étudiés par MM. Berthelot, Guntz et Férée, etc.

M. Péchard a obtenu une combinaison :

$$SO^2NaI$$

en faisant absorber SO^2 par NaI sec ou dissous dans l'eau.

Le même auteur, en étudiant les *periodates de sodium*, montre que ces sels possèdent un pouvoir oxydant différent de celui des *iodates* et des *perchlorates*. Les periodates ont donc une constitution différente de celle des iodates et des perchlorates.

M. Hugot, par l'action du sélénium sur le sodammonium, prépare les sels suivants :

$$SeNa^2 \quad \text{et} \quad Se^4Na^2.$$

Avec le tellure, il se fait :

$$Na^2Te \quad \text{et} \quad Na^2Te^3.$$

M. Pouget décrit un *sélénio-antimonite*

$$SbSe^3Na^3 + 9H^2O,$$

analogue au sulfo-antimonite

$$SbS^3Na^3 + 9H^2O.$$

M. Le Chatelier, par fusion de Bo^2O^3 en excès avec l'oxyde de sodium, fait un *tétraborate*

$$4Bo^2O^3,Na^2O.$$

TRAVAUX SUR LE POTASSIUM

HYDRURES. — L'hydrure de potassium, K^2H, est doué d'éclat; il est cassant; il est stable jusqu'à 210° environ (Troost et Hautefeuille). Moissan vient de montrer que sa véritable formule est KH.

OXYDES. — On connaît un bioxyde K^2O^2 (Vernon-Harcourt) et un peroxyde K^2O^4; quant au protoxyde K^2O, il se forme en chauffant du potassium avec son hydrate :

$$K + KOH = H + K^2O.$$

AMALGAMES DE POTASSIUM. — On a préparé les amalgames suivants :

$Hg^{12}K$ (Berthelot); $Hg^{18}K$, $Hg^{10}K$ (Guntz et Férée)

Ces amalgames ont été étudiés par MM. Guntz et Férée.

ALLIAGE AVEC LE SODIUM. — Le potassium et le sodium peuvent former un alliage KNa^5, liquide à la température ordinaire.

AzH^3 gazeux donne, avec K, le *potassammonium* AzH^3K, et ce dernier forme avec l'acétylène, un *acétylure acétylénique*

$$C^2K^2.C^2H^2 \text{ (Moissan)}.$$

AzH^2K se produit aussi dans la réaction sur AzH^3 liquéfié ; à basse température, l'oxyde de carbone forme le *potassium-carbonyle* COK, dérivé peu stable (M. Joannis).

Le potassammonium donne 1° avec l'arsenic, un arséniure AsK^3, et un dérivé As^4K^4, correspondant à l'arséniure d'hydrogène solide As^4H^2 ; 2° avec le soufre, les *mono* et *penta*-sulfures K^2S et K^2S^5 ; 3° avec le sélénium, un *mono* et un *tétra*-séléniure K^2Se et K^2Se^4 ; 4° avec le tellure, un *mono* et un *tri*-tellurure K^2Te et K^2Te^3 (M Hugot).

M. Lebeau a préparé l'arséniure tripotassique AsK^3, par action directe de l'arsenic sur le potassium, au rouge.

Acétylures. — Le potassium attaque peu à peu l'acétylène à froid, et fournit l'acétylure C^2HK (Moissan) ; au rouge sombre, il se fait C^2K^2, *carbure de potassium* ou *acétylure dipotassé* (Berthelot).

Action de Ca sur KFl et KCl. — Ces deux sels sont réduits, au rouge, avec séparation du métal alcalin :

$$Ca + 2KFl = CaFl^2 + 2\,K$$
$$Ca + 2KCl = CaCl^2 + 2\,K \text{ (Moissan).}$$

Azothydrate de potassium, Az^3K. — Ce sel peut être considéré comme un *azoture* de potassium ; l'eau chaude le décompose.

Weinland et Alfa ont préparé 1° un *fluo-sulfate* de K :

$$S^2O^7Fl^2HK^3 + H^2O$$

décomposable à l'air humide, en perdant HFl ;

2° Un fluo-phosphate de K,

$$PhO^3FlHK + H^2O$$

également altérable par l'humidité.

Wiede obtient une combinaison d'eau oxygénée et d'un perchromate de K

$$CrO^5K + H^2O^2,$$

en traitant, par la potasse alcoolique, une solution refroidie d'acide perchromique dans l'éther. Ce sel est détonant.

Le même auteur a décrit un *tétroxy-chromo-cyanure*

$$CrO^4.3CAzK$$

sel soluble dans l'eau et assez stable.

M. Brizard a fait connaître un *osmiamate de potassium*

$$OsAzO^3K.$$

M. Le Chatelier obtient, par fusion des composants,

$$4Bo^2O^3,K^2O$$

un *tétraborate* d'oxyde de potassium.

M. Senderens a préparé deux *antimoniates :*

$$Sb^2O^6K^2,7H^2O \text{ et } Sb^2O^6K^2,2H^2O.$$

En électrolysant une solution aqueuse de permanganate de potassium, MM. Morse et Olsen préparent avantageusement l'acide permanganique.

Travaux sur le lithium

De tous les métaux alcalins, le lithium est celui qui a été le plus étudié ; il convient donc de lui consacrer une monographie importante, dans ces notes sur les Métaux.

Préparation du lithium. — Le procédé actuel est dû à M. Guntz ; il consiste à électrolyser un mélange à poids égaux de chlorures de lithium et de potassium. Dans ses expériences, M. Guntz a constaté la production d'un *sous-chlorure*,

$$Li^2Cl.$$

Le spectre du lithium a été récemment étudié par M. Arnaud de Gramont.

Moissan obtient du lithium pur, en réduisant l'oxyde de lithium au rouge sombre, dans le vide, par le calcium :

$$Li^2O + Ca = CaO + 2Li.$$

Le même auteur fait agir le gaz ammoniac et la méthylamine gazeuse sur le lithium ; il obtient :

1° le *lithium-ammonium :*

$$AzH^3Li$$

2° le *lithium mono-méthyl-ammonium :*

$$(AzH^2.CH^3)^3Li$$

Le lithium-ammonium prend feu au contact de l'air ; l'eau le décompose dans le sens suivant :

$$AzH^3Li + H.OH = LiOH + AzH^3 + H.$$

L'acétylène agit sur AzH³Li, en produisant :

$$C^2Li^2.C^2H^2 \text{ et } C^2Li^2.C^2H^2.2AzH^3$$

soit *l'acétylénure acétylénique*, et sa combinaison ammoniacale (Moissan).

L'*hydrure de lithium*, LiH, est très stable (M. Guntz).

M. Ouvrard a fait connaître un azoturé,

$$Li^3Az.$$

D'ailleurs, le lithium absorbe l'azote, même à froid, ce qui permet de séparer ce gaz de l'argon (M. Guntz).

Oxydes. — La solution de lithine renferme un hydrate

$$LiOH + H^2O.$$

On obtient Li^2O en faisant brûler le lithium dans l'oxygène sec :

$$2Li + O = Li^2O$$

En même temps, il se fait du bioxyde, Li^2O^2 (M. Troost). Cette observation a été récemment confirmée par MM. Holt et Sims. M. de Forcrand prépare Li^2O^2 en traitant la lithine par l'eau oxygénée.

Les chlorure, bromure, iodure de lithium, LiCl, LiBr, LiI ont été très étudiés récemment.

M. Tommasi a fait agir du magnésium en fil sur une solution de chlorure :

$$LiCl + Mg + H^2O^2 = LiCl + MgO^2H^2 + H^2$$

L'auteur qui a étudié d'autres solutions (KCl, NaCl, etc.) admet que LiCl favorise, ici, l'oxydation du magnésium.

Le chlorure de lithium forme de nombreux sels doubles, bien étudiés par M. Chassevant :

$$CuCl^2,LiCl + 2,5H^2O\ ;$$
$$MnCl^2,LiCl + 3H^2O\ ;$$
$$FeCl^2,LiCl + 3H^2O\ ;$$
$$NiCl^2,LiCl + 3H^2O\ ;$$
$$CoCl^2,LiCl + 3H^2O.$$

C'est surtout à M. J. Bonnefoi qu'on doit la connaissance d'une foule de dérivés de LiCl et de LiBr.

Cet auteur a préparé et étudié thermiquement :

1° Les chlorures ammoniacaux :

$$LiCl,AzH^3 ; \quad LiCl,2AzH^3 ;$$
$$LiCl,3AzH^3 ; \quad LiCl,4AzH^3.$$

2° Les bromures ammoniacaux :

$$LiBr,AzH^3 ; \quad LiBr,2AzH^3 ;$$
$$LiBr,3AzH^3 ; \quad LiBr,4AzH^3.$$

3° Les combinaisons avec les méthylamines :

$$LiCl,AzH^2,CH^3 ; \quad LiCl,2AzH^2,CH^3 ; \quad LiCl,3AzH^2CH^3$$
$$LiCl,AzH(CH^3)^2 ; \quad LiCl,3Az(CH^3)^3.$$

4° Les combinaisons correspondantes avec les éthylamines ;

5° Les combinaisons avec la propylamine et l'isopropylamine ;

6° Les combinaisons avec la butylamine et l'isobutylamine ;

7° Les combinaisons avec les amylamines ;

8° Les combinaisons avec les hexylamines ;

9° Les combinaisons avec l'aniline et la diphénylamine.

M. Bonnefoi a mesuré les tensions de dissociation de la plupart de ces composés, et a établi que la loi de Clapeyron s'applique fort bien à ce phénomène.

M. Le Chatelier a obtenu un *tétraborate :*

$$4Bo^2O^3, \; Li^2O.$$

en fondant du carbonate, CO^3Li^2, avec un excès d'anhydride borique. M. Lebeau vient de faire connaître un *antimoniure de lithium :* $SbLi^3$.

TRAVAUX SUR LE CÉSIUM

Préparation. — Setterberg prépare le césium en électrolysant un mélange de cyanures de césium et de baryum.

Propriétés. — Métal blanc, ressemblant au potassium ou au sodium, très mou, décomposant l'eau à froid; il fond à + 26°,5 ; d = 1,88.

L'oxyde anhydre est Cs^2O, l'hydrate CsOH.

D'après Beketoff, l'oxyde est réduit partiellement à froid par l'hydrogène pur :

$$Cs^2O + H = CsOH + Cs.$$

Winkler a traité l'hydrate de césium, à chaud, par le magnésium dans un courant d'hydrogène. On a :

$$2(CsOH) + Mg = MgO + Cs^2O + H^2.$$

Dans ces conditions, l'hydrate de césium n'est pas réduit. Avec le carbonate de césium, Winkler n'a pas non plus obtenu de réduction.

Rosenbladt a fait connaître un azotite double de césium et de cobalt :

$$3(AzO^2Cs) + (AzO^2)^2Co + H^2O.$$

Muthmann prépare le permanganate, MnO^4Cs, qui ressemble à celui de potassium ; ce sel est peu soluble dans l'eau froide, un peu plus soluble dans l'eau chaude.

Pliny Brigham décrit les chloro-bismuthites suivants :

$BiCl^3, 2CsCl$; $2BiCl^3, 3CsCl$; $BiCl^3, 3CsCl$.

Tutton étudie les propriétés du séléniate,

SeO^4Cs^2.

Lenher fait connaître un bromure double :

$2CsBr, SeBr^4$.

Muthmann et Nagel ont préparé un *permolybdate:*

$Mo^4O^{13}Cs^2$,

et deux *ozo-molybdates:*

$$Cs^2O,4MoO^4+6H^2O,$$
$$3Cs^2O,7MoO^3.3MoO^4+4H^2O.$$

Tingle a mesuré la conductibilité électrique des sels de césium ; pour les grandes dilutions, ces sels n'obéissent pas à la loi de Kohlrausch.

En fondant le sulfate neutre de césium avec l'anhydride sulfurique, à l'abri de l'air, Weber a obtenu un sulfate :

$8SO^3, Cs^2O$,

qui, au rouge, perd $6SO^3$, et donne un nouveau sulfate:

$2SO^3, Cs^2O$.

MM. Chabrié et Rengade ont décrit l'*alun d'indium et de césium :*

$$SO^4Cs^2+(SO^4)^3In^2+24H^2O.$$

Erdmann et Menke préparent le césium en réduisant l'hydrate de césium par le magnésium.

D'après les recherches d'Ampola et Ulpiani, l'azotate de césium est facilement décomposé par les bacilles dénitrifiants.

F. R. Mallet a étudié, au point de vue cristallographique, le sulfate double de césium et de magnésium.

Travaux sur le Rubidium

Préparation. — Erdmann et Koethner préparent le rubidium en réduisant RbOH par le magnésium.

Le rubidium métallique a une d = 1,522 ; il fond à + 38°5 ; il absorbe O à froid, et se transforme en bioxyde, Rb^2O^4, composé très stable.

Les mêmes auteurs ont préparé les sels suivants :

$$PhO^4MgRb + 6H^2O \; ; \; \left.\begin{matrix} CO^3H \\ CO^3Rb \end{matrix}\right\rangle Mg + 4H^2O \; ;$$

$$2RbCl, PbCl^4 \; ; \; 2RbCl, PbCl^2.$$

Herty et Black décrivent un *dibromo-iodure*, et un *tri-iodure*.

$$RbBr^2I \; ; \; RbI^3.$$

Tutton a obtenu le séléniate SeO^4Rb^2.

Wyrouboff fait connaître un tartrate neutre de rubidium doué du double pouvoir rotatoire.

Erdmann indique un procédé pour extraire le rubidium des résidus de carnallite. Il a préparé les sels suivants :

$$RbCl,ICl^3 \; ; \; (AzO^3)^7H^5Rb^2 \; ; \; (SO^3)^8Rb^2O \; ; \; RbFl,BoFl^3 \text{ etc.}$$

Les aluns qu'il a isolés ont les formules suivantes :

$$RbAl(SO^4)^2 + 12H^2O ; RbFe(SO^4)^2 + 12H^2O ;$$
$$RbCr(SO^4)^2 + 12H^2O.$$

Muthmann a trouvé un procédé de séparation des sels de Rb, d'avec les sels de Cs et de K ; il a, en outre, obtenu le *permanganate*, MnO^4Rb, et un *chloro-antimonite :*

$$RbCl,SbCl^3 \text{ etc.}$$

Rosenbladt a isolé un *azotite double :*

$$3RbAzO^2 + Co(AzO^2)^3 + H^2O.$$

Lenher décrit un *bromure double :*

$$2RbBr,SeBr^4.$$

Muthmann et Nagel ont préparé des *permolybdates :*

$$Mo^3O^{10}Rb^2 ; Mo^3O^{11}Rb^6 + 4H^2O ;$$

et des *ozomolybdates :*

$$Rb^2O,2MoO^3, MoO^4 + 3H^2O ;$$
$$3Rb^2O,5MoO^3,2MoO^4 + 6H^2O \text{ etc.}$$

Tingle a étudié la conductibilité électrique de certains sels de rubidium ; pour de fortes dilutions, ces sels n'obéissent pas à la loi de Kohlrausch.

L'azothydrate de rubidium, Az^3Rb, est un sel bien cristallisé, soluble dans l'eau, peu soluble dans l'alcool.

Weinland et Alfa ont isolé un fluosulfate :

$$S^2O^7Fl^2HRb^3 + H^2O ;$$

et un *fluophosphate :*

$$PhO^3FlHRb + H^2O.$$

Ces deux sels sont altérables à l'air humide.

L'azotate de Rubidium est facilement détruit par les bacilles dénitrifiants.

Weinland et Prause ont préparé un *iodotellurate :*

$$I^2O^5,2TeO^3.Rb^2O + 6H^2O.$$

MM. Chabrié et Rengade ont fait connaître l'*alun d'indium et de rubidium :*

$$SO^4Rb^2 + (SO^4)^3In^2 + 24H^2O.$$

Walden a étudié la conductibilité électrique de la solution d'iodure de Rubidium dans SO^2 liquide.

Travaux sur le Thallium.

Antipof a trouvé une assez forte proportion de thallium dans des pyrites de Pologne ; il indique un procédé de dosage du métal dans ces pyrites » (1).

Foerster prépare le thallium en électrolysant le sulfate.

Neumann propose de doser le thallium par électrolyse, puis en mesurant le volume d'hydrogène dégagé par le métal au contact de l'eau acidulée.

On doit à Baubigny un bon procédé de dosage du thallium.

(1) Schramm avait rencontré des traces de thallium dans la *Sylvine*, et de thallium et de [illegible]ium [illegible]ns la carnallite.

Biltz et Meyer, Biltz, trouvent, d'après la densité de vapeur prise à haute température que la molécule du thallium doit être représentée par $[Tl]^2$.

Lepierre détermine le poids atomique, il trouve Tl = 203,62 (moyenne de plusieurs déterminations).

Suivant Heycock et Neville, le bismuth, l'argent, l'or, le platine, abaissent le point de fusion du thallium, dans les alliages qu'ils forment. Si l'on dissout du cadmium dans du thallium fondu, et qu'on ajoute à la masse des proportions croissantes d'or, le point de solidification de l'alliage s'élève, passe par un maximum et s'abaisse ensuite.

Rammelsberg prépare les sels suivants :

$$PhO^3Tl^2 \; ; \quad PhO^3Tl^2,2PhO^3TlH \; ;$$
$$PhO^4Tl^3 \; ; \quad PhO^4Tl^2H \; ; \quad PhO^4TlH^2 \; ;$$
$$PhO^4Tl + Tl^2O^3 + 13H^2O \; ; \quad TlCl^3,2KCl + 3H^2O.$$

Willm avait déjà fait connaître :

$$2PhO^4Tl + Tl^2O^3 \text{ et } 2TlCl^3,3KCl + 3H^2O.$$

Joly décrit deux *hypophosphates :*

$$Ph^2O^6H^2Tl^2 \; ; \quad Ph^2O^6Tl^4 \; ;$$

et un métaphosphate :

$$PhO^3Tl.$$

Giorgis a obtenu le *bicarbonate :*

$$CO^3HTl.$$

Lepierre et Lachaud ont isolé et étudié un *chromate thalleux* :

$$CrO^4Tl^2 \; ;$$

le sesquioxyde Tl^2O^3, cristallisé ; un *chloro-chromate :*

$$CrO^2 < \begin{matrix} OTl \\ Cl \end{matrix}$$

un sel double :

$$CrO^4Tl^2, CrO^4K^2.$$

On doit à Neumann une série de sels doubles :

$$Cr^2Cl^6, 6TlCl \ ; \quad Tl^2Cl^6, 6KCl + 4H^2O \ ;$$
$$Tl^2Cl^6, 6AzH^4Cl + 4H^2O \ ; \ Tl^2Cl^6, 6RbCl \ ; \ Tl^2Cl^6, 3GlCl^2.$$

Dennis, Doan et Gill ont obtenu un *azoture*, Az^3Tl, peu stable à l'air ; un *azoture thalloso-thallique :*

$$TlAz^3, TlAz^9$$

un *tellurate* TeO^4Tl^2 et un *cyanoplatinite :*

$$PtTl^2(CAz)^4.$$

D'après Walden, l'hydrate thalleux transforme l'acide bromosuccinique gauche en acide malique gauche ; l'hydrate thallique, par contre, est vers 100° un agent de racémisation complète.

Knüpfer étudie la transformation de

$$TlCl + KSCAz \text{ en } KCl + TlSCAz$$

et en détermine la limite.

Thomas a préparé des *chlorobromures :*

$$TlClBr^2 \ ; \ TlCl^3Cl^2Br^4 \ ; \ TlClBr^2 + H^2O.$$

Cushman, de son côté, a obtenu :

$$12AgCl, \ Tl^2O^3 + 3H^2O \ ; \ TlBr^4, \ Tl^4Br^6 \ ; \ Tl^2Cl^6 \ ;$$
$$3TlBr^2, \ TlCl \ ; \ TlBr^3, \ 3TlCl, \ etc.$$

Kastle et Beatty ont observé que le trichlorure, $TlCl^3$, est réduit en protochlorure, $TlCl$, par l'oxalate d'ammonium à la lumière.

Mallet a étudié les propriétés cristallographiques d'un sulfate double de thallium et de magnésium.

NOTES SUR L'HYDROGÈNE

La nature métallique de l'hydrogène a frappé de tout temps les chimistes. En France, Dumas, en Angleterre, Graham, pour ne citer que deux des plus célèbres chercheurs, avaient insisté sur ce caractère spécial, dans leurs mémoires comme dans leur enseignement.

Tout le monde connaît les expériences de Graham sur l'absorption de l'hydrogène par le palladium, et la théorie de l'*hydrogénium*.

L'hydrogène, en effet, se combine aux métaux, et forme avec eux de véritables *alliages*.

Il précipite plusieurs métaux de leurs solutions ; il est déplacé par eux, comme dans les réactions suivantes :

$$Na + H^2O = H + NaOH$$
$$SO^4H^2 + Zn = H^2 + SO^4Zn \text{ etc.}$$

Il joue le même rôle que les métaux ou un rôle analogue, dans certains composés, tels que les sels acides :

$$CO^3HNa, SO^4HNa, PhO^4H^2Na ; PhO^4HNa^2 \text{ etc.}$$

Il peut aussi être déplacé par les métaux dans un grand nombre de dérivés organiques :

$$C^2H^5.OH + Na = H + C^2H^5.ONa ;$$

$$C^2H^5.OH + K = H + C^2H^5.OK ;$$

$$CH^2\begin{cases} CO.OC^2H^5 \\ CO.OC^2H^5 \end{cases} \qquad CHNa\begin{cases} CO.OC^2H^5 \\ CO.OC^2H^5 \end{cases} \text{etc.}$$

Ether malonique. Ether sodo-malonique.

Il est magnétique, il est surtout bon conducteur de la chaleur et de l'électricité.

Il est intéressant de comparer ses composés binaires avec ceux d'un métal alcalin, le sodium, par exemple.

	Combinaisons de H :	Combinaisons correspondantes de Na :
Protoxyde (eau)	H^2O (ou H.HO)	Na^2O (ou NaHO)
Bioxyde (eau oxygénée)	H^2O^2	Na^2O^2
Protosulfure	H^2S (1)	Na^2S (ou NaHS)
Bisulfure	H^2S^2	Na^2S^2
Protoséléniure	H^2Se	Na^2Se
Prototellurure	H^2Te	Na^2Te
Fluorure	HFl	NaFl
Chlorure	HCl	NaCl
Bromure	HBr	NaBr
Iodure	HI	NaI
Azoture	H^3Az	Na^3Az
Sous-azoture (acide azothydrique)	HAz^3	$NaAz^3$
Arséniure	H^3As	Na^3As
Cyanure	HCAz	NaCAz
Sulfocyanure	HSCAz	NaSCAz etc.

(1) Remarquons que ce sulfure se sulfatise comme les autres sulfures :

$$H^2S + 4O = SO^4H^2$$

Cette réaction est bien connue.

On pourrait encore citer d'autres exemples, surtout si l'on considérait les combinaisons organiques.

Mais ces exemples suffisent à montrer que l'hydrogène *se comporte comme un métal monovalent.*

PRÉPARATION INDUSTRIELLE DE L'HYDROGÈNE. — Aujourd'hui, on prépare industriellement de l'hydrogène pur, en électrolysant une solution de soude à 25 0/0. Le rendement est le meilleur lorsque la température de la lessive alcaline est maintenue aux environs de + 26°.

NOTES ET DOCUMENTS SUR LES MÉTAUX ALCALINO-TERREUX

Les métaux alcalino-terreux ressemblent aux métaux alcalins en ce qu'ils possèdent aussi la propriété de décomposer l'eau à la température ordinaire. Mais leurs oxydes n'ont pas les mêmes propriétés physiques que les oxydes alcalins, et surtout, ils sont divalents.

Le baryum se rapproche du potassium et du sodium par la stabilité de son azotate et de son carbonate. La chaleur, en effet, transforme d'abord l'azotate de baryum en azotite :

$$(AzO^3)^2Ba = 2O + (AzO^2)^2Ba$$
$$AzO^3K = O + AzO^2K.$$

Le carbonate de strontium est assez difficilement décomposable ; celui de calcium est beaucoup moins difficile à décomposer. On se sert couramment de cette réaction

$$CO^3Ca = CO^2 + CaO,$$

pour préparer le gaz carbonique et la chaux.

Les oxydes alcalino-terreux sont :

$$M''O \text{ et } MO^2 ;$$

Les hydrates ont la forme,

$$M''O^2H^2 ;$$

Les fluorures, chlorures, bromures, iodures sont :

$$MFl^2 ; MCl^2 ; MBr^2 ; MI^2.$$

Les métaux alcalino-terreux donnent aussi des *poly-sulfures :*

$$MS, MS^2, MS^3, MS^4, MS^5.$$

A leurs mono-sulfures, correspondent des *sulfhydrates :*

$$MS, MS^2H^2.$$

Les métaux alcalino-terreux forment des carbures décomposables à froid par l'eau, avec dégagement d'acétylène. Le procédé industriel de préparation de ce carbure d'hydrogène repose sur cette réaction. On a :

$$C^2Ca + H^2O = CaO + C^2H^2.$$

Le baryum, le strontium et le calcium se combinent à l'hydrogène.

Les métaux alcalino-terreux s'unissent à l'azote.

Travaux sur le Baryum

Historique. — Le baryum fut découvert par Davy, qui parvint à électrolyser l'hydrate de baryum (1807). Bunsen a préparé le baryum en électrolysant le chlorure de baryum. Crookes a proposé de traiter une solution de chlorure de baryum par l'amalgame de sodium ; il se produit un amalgame de baryum dont on chasse le mercure par la chaleur. Le procédé de Matthiessen est une modification de celui de Bunsen. En 1898, M. Guntz a proposé de réduire, à haute température, l'amalgame de baryum par un courant d'hydrogène. Mais, dans ces conditions, le baryum attaque les creusets.

MM. Guntz et Férée ont étudié les amalgames de baryum ; la composition de ces amalgames varie avec la pression à laquelle ils ont été soumis.

BARYUM RADIFÈRE OU RADIO-ACTIF. — Mme Curie a découvert la présence d'un nouveau métal, *le radium*, dans certains échantillons de chlorure de baryum. M. et Mme Curie ont ensuite montré que les rayons émis par les sels de baryum radifères très actifs sont capables de transformer l'oxygène en *ozone*. Le chlorure de baryum non radifère ne produit aucun effet semblable.

Différents auteurs ont reproduit du baryum radio-actif, en fondant ensemble des mélanges de nitrates de baryum et d'uranium. Ce baryum impressionne une plaque photographique à travers une feuille de papier noir.

En 1892, Maquenne a décrit l'*azoture*, Ba^3Az^2, qu'il a obtenu en fixant l'azote gazeux sur le baryum métallique. Cet azoture est analogue à celui de magnésium, déjà connu, Mg^3Az^2.

L'*azothydrate*, $Az^6Ba + H^2O$, est un sel assez stable.

En 1894, Moissan a découvert le carbure de baryum, C^2Ba, en chauffant, au four électrique, de la baryte et du charbon de sucre. Ce même carbure prend naissance, d'après Mourlot, dans l'action du charbon sur le sulfure de baryum, à très haute température

Moissan et William obtiennent un borure, Bo^6Ba, en chauffant un mélange de borate de baryum, d'aluminium et de charbon, au four électrique. Ce composé est assez dur pour rayer le rubis et le quartz.

D'après Moissan, la baryte fond au-dessous de 2000°; elle ne se décompose pas vers 2500°; « en se refroidissant, elle » laisse un amas de cristaux enchevêtrés, à cassure cris- » talline très belle (1893) ».

Howe a isolé un *ruthéno-cyanure* de baryum,

$$Ba^2Ru(CAz)^6 + 6H^2O.$$

Jaboin a préparé, dans le four électrique, un *phosphure* de baryum, Ph^2Ba^3.

Lebeau a obtenu, de la même manière, un *arséniure*, As^2Ba^3, qui brûle à froid dans le fluor, le chlore, les vapeurs de brome.

Melikoff et Pissarjewski décrivent un *perborate* et un *pertitanate* :

$$(BoO^3)^2Ba + 7H^2O ; TiO^3, BaO^2 + 5H^2O.$$

Péchard décrit une combinaison moléculaire,

$$SO^2, BaI^2.$$

Loiseleur fait connaître un *palladoxalate*

$$Pd(C^2O^4)^2Ba + 3H^2O.$$

Suivant Ampola et Ulpiani, l'azotate de baryum est assez facilement décomposé par les bacilles dénitrifiants.

Mac-Cay a préparé un *sulfoxyarséniate*

$$(AsO^3S)^2Ba^3.$$

Morse et Horn étudient quelques borates acides de baryum, dans le but de trouver un procédé de dosage du bore.

Smith et Tollens ont isolé une combinaison de lévulose *(fructose)* avec l'iodure de baryum :

$$(C^6H^{12}O^6)^2BaI^2 + 2H^2O.$$

Travaux sur le Strontium

Historique. — Entrevu par Crawford, le strontium a été découvert par Davy (1808), qui électrolysa la strontiane, SrO. Matthiessen a proposé d'électrolyser le chlorure de strontium fondu. Caron réduisait le chlorure de strontium par des alliages de sodium avec différents métaux lourds. Benno Franz chauffe fortement l'amalgame de strontium dans un courant d'hydrogène.

M. Guntz, tout récemment, a chauffé dans le vide l'amalgame de strontium ; il isole ainsi un métal ne renfermant plus que des traces de mercure. En chauffant cet amalgame dans un courant d'hydrogène, il a obtenu *l'hydrure*

$$SrH^2.$$

Maquenne (1892) a préparé l'azoture Sr^3Az^2.

L'azothydrate de strontium, Az^6Sr, est un sel peu stable.

D'après Moissan, la strontiane, SrO, cristallise vers 2500° et fond à 3000° au four électrique. Dans cet appareil, Moissan obtient le *carbure* C^2Sr, par l'action du charbon de sucre sur la strontiane.

MM. Guntz et Férée ont décrit 2 *amalgames* cristallisés :

$$Hg^{11}Sr \text{ et } Hg^{11}Sr.$$

M. Tassilly fait connaître un *oxybromure* et un *oxyiodure*,

$$SrBr^2SrO + 9H^2O$$

$$2SrI^25SrO + 3H^2O$$

Moissan et William chauffent, au four électrique, un mélange de borate de strontium, d'aluminium et de charbon ; ils obtiennent un *borure :*

$$Bo^6Sr.$$

Lebeau a préparé un *arséniure*, As^2Sr^3, que le fluor attaque à froid.

Jaboin a isolé un *phosphure*, Ph^2Sr^3, altérable à l'air humide, attaqué à froid par le fluor.

M. de Forcrand trouve pour la chaleur de formation du *bioxyde de strontium :*

a) SrO sol. + O gaz = SrO^2 sol. + $10^{cal.},875$

b) Sr sol. + 2O gaz = SrO^2 sol. + 142,075.

Barthe a fait connaître les 3 *phosphates :*

$$(PhO^4)^2SrH^4 ; (PhO^4)^2Sr^2H^2 ; (PhO^4)^2Sr^3.$$

Mac Cay publie la préparation d'un *sulfoxy-arséniate :*

$$(AsO^3S)^2Sr^3.$$

Ampola et Ulpiani observent que l'azotate de strontium n'est pas très facilement décomposé par les bactéries dénitrifiantes.

Smith et Tollens ont isolé deux combinaisons du lévulose (*fructose*) avec l'iodure et le bromure de strontium :

$$(C^6H^{12}O^6)^2(SrI^2)^2 + 4H^2O ;$$
$$(C^6H^{12}O^6)^3SrBr^2 + 3H^2O.$$

M. Mourelo a étudié avec soin la phosphorescence du sulfure de strontium.

TRAVAUX SUR LE CALCIUM

Historique. — Le calcium a été découvert par Davy (1808) qui électrolysait la chaux. Mathiessen préparait le calcium en électrolysant le chlorure de calcium. Liès-Bodart et Jobin ont décomposé l'iodure de calcium par le sodium. Caron réduisait le chlorure de calcium au moyen d'un alliage de zinc et de sodium.

Moissan, le premier, a isolé un calcium pur et cristallisé : 1° en électrolysant l'iodure de calcium ; 2° en traitant cet iodure, à haute température, par le sodium ; 3° en réduisant la chaux par le magnésium ou par le charbon, au four électrique (1898). Moissan a aussi obtenu l'*hydrure* de calcium.

$$CaH^2 ;$$

l'*azoture* Az^2Ca^3 ; le *calcium-ammonium*,

$$Ca(AzH^3)^4$$

et l'*amidure*,

$$(AzH^2)^2Ca.$$

Moissan a, en outre, fait connaître le *carbure de calcium :*

$$C^2Ca$$

obtenu par l'action du charbon de sucre sur la chaux pure, à la très haute température du four électrique :

$$CaO + 3C = C^2Ca + CO (1894).$$

Le carbonate de chaux peut être substitué à la chaux :

$$CO^3Ca + 4C = C^2Ca + 3CO.$$

Le carbure de calcium se fabrique aujourd'hui industriellement (Moissan, M. Bullier) et sert couramment à la production de l'acétylène :

$$C^2Ca + H^2O = CaO + C^2H^2.$$

Le carbure de calcium, à haute température, est un réducteur puissant ; ainsi, Bamberger a réduit le bioxyde de sodium, avec mise en liberté de sodium métallique :

$$7Na^2O^2 + 2(C^2Ca) = 2CaO + 4(CO^3Na^2) + 3Na^2.$$

Moissan a chauffé, dans son four électrique, du carbure de calcium fondu ; il a obtenu du graphite pulvérulent, de la chaux en poussière et du calcium métallique.

A très haute température, le carbure de calcium transforme les oxydes en carbure de métaux (Moissan).

Yvon a proposé l'emploi de C^2Ca pour préparer l'alcool absolu ; en effet, tant qu'un alcool renferme de l'eau, il dégage C^2H^2 au contact du carbure de calcium.

On peut aussi se servir de C^2Ca pour reconnaître la présence de l'eau dans l'éther, le chloroforme, l'acétone, etc.

Moissan et William ont préparé, au four électrique, un

borure de calcium, Bo^6Ca, très stable, assez dur pour rayer le rubis, attaqué à froid par le fluor ; $d_{15} = 2{,}33$.

M. Férée a obtenu un amalgame de calcium, gris-blanchâtre ; calciné dans un courant d'azote, ce composé a fixé de l'azote, il s'est formé un azoture de calcium, comme Maquenne en a, le premier, fait l'observation.

M. Senderens a préparé un *antimoniate*,

$$Sb^2O^6Ca + 6H^2O.$$

Lebeau a obtenu, par l'action du charbon sur l'arséniate de chaux, à haute température, un *arséniure*,

$$As^2Ca^3$$

Dans des conditions semblables, Renault a préparé un *phosphure*,

$$Ph^2Ca^3.$$

D'après H. Gautier, la chaleur de formation de la chaux, à partir de ses éléments est, $+ 146^{cal.},5$ (moyenne).

Moissan prépare l'azoture de calcium, en chauffant du calcium cristallisé dans de l'azote pur et sec ; la densité de ce composé est égale à 2,63 à + 17°.

Au rouge, l'hydrogène s'unit au calcium avec production d'hydrure, CaH^2. Le calcium se combine directement avec la plupart des métalloïdes et des métaux ; il réduit, avec l'aide de la chaleur, les fluorures et chlorures de potassium et de sodium, ainsi que les principaux dérivés oxygénés des métalloïdes ; il décompose, à chaud, la plupart des carbures d'hydrogène, saturés ou non saturés, avec formation de quantités variables de carbure de calcium (Moissan).

Moissan a déterminé les chaleurs de formation de la

chaux, à partir de ses éléments, et de l'hydrate de chaux :

$$Ca + O = CaO + 145^{cal.},0$$

$$Ca + O^2 + H^2 = CaO^2H^2 \text{ solide} + 229^{cal.},1$$

$$Ca + O^2 + H^2 = CaO^2H^2 \text{ (solut. saturée)} + 232^{cal.},1.$$

En 1893, Moissan a étudié l'action qu'exerce sur la chaux la haute température du four électrique ; la chaux fond et cristallise vers 2500°.

Moissan a montré, après ces déterminations, que Ca déplace K et Na de leurs oxydes ; il déplace aussi Li de Li^2O.

Par contre, Mg déplace Ca ; au rouge sombre, Moissan a eu :

$$Mg + CaO = MgO + Ca$$

De là, un nouveau moyen de préparer le calcium à partir de la chaux.

M. G. Kassner décrit un *métaplombate*,

$$CaPbO^3 + 4H^2O$$

différent de *l'orthoplombate*, $Ca^2PbO^4 + 4H^2O$, déjà connu.

M. Péchard a obtenu une combinaison moléculaire,

$$SO^2 + CaI^2.$$

D'après les expériences de Geelmuyden, le carbure de calcium décompose, au four électrique, un grand nombre de sulfures métalliques, et il y a formation de sulfure CaS. Le sulfure d'aluminium n'est pas réduit dans ces conditions.

Dufau obtient rapidement, au four électrique, un *aluminate monocalcique*, bien défini

$$Al^2O^4Ca.$$

Ampola et Ulpiani ont examiné l'action des bactéries dénitrifiantes sur l'azotate de calcium ; ce sel n'est pas facilement décomposé.

Selon Tarugi, C^2Ca réduit vers 1400° CuO et les sels de cuivre, en fournissant un alliage renfermant du calcium, que l'addition d'acide chlorhydrique enlève. La plupart des sels métalliques donnent, dant ces conditions, des alliages calcifères que l'eau décompose facilement. Mallet a étudié les propriétés cristallographiques d'un sulfate double $SO^4Ca + SO^4K^2$.

Jones et Chambers ont déterminé les conductibilités électriques du chlorure et du bromure de calcium en solutions aqueuses. Smith et Tollens ont isolé trois combinaisons du lévulose (*fructose*) avec les sels haloïdes du calcium :

$$C^6H^{12}O^6.CaBr^2 + 4H^2O\,;$$

$$(C^6H^{12}O^6)^2CaCl^2 + 2H^2O\,;$$

$$(C^6H^{12}O^6)^2CaI^2 + 2H^2O.$$

Travaux sur le Magnésium

Historique. — Le magnésium a été découvert par Bussy, qui l'a isolé en réduisant le chlorure de magnésium anhydre par le potassium :

$$MgCl^2 + 2K = 2KCl + Mg. \quad (1829)$$

H. Sainte-Claire-Deville et Caron ont remplacé le potassium par le sodium.

En 1844, Bunsen a proposé d'électrolyser le chlorure

de magnésium fondu. Ce procédé est devenu industriel (1).

Les beaux travaux de Moissan ont mis en lumière la puissance du magnésium comme agent réducteur ; je rappellerai seulement la réduction de l'anhydride borique par Mg, qui fournit le bore amorphe pur ; la réduction de la chaux par le même métal, et la préparation du silicium, obtenue dans l'action de Mg sur SiO^2 (2).

Dès 1893, Moissan a montré que, vers 2500°, la magné-
» sie fournit des cristaux transparents d'oxyde anhydre,
» et que, quand on opère aux hautes tensions (360 ampè-
» res et 70 volts), elle donne une masse fondue et trans-
» parente. » De la température ordinaire à la haute température du four électrique, la densité de la magnésie varie de 2,3 à 3,75 (Moissan).

L'azoture de magnésium, Mg^3Az^2, se forme par union directe du métal en poudre avec l'azote, ou lorsqu'on fait passer un courant de gaz ammoniac sec sur le métal porté au rouge.

Le magnésium peut brûler dans l'eau en ébullition violente (Rosenfeld).

Le magnésium métallique décompose les chlorures métalliques, soit à froid, soit avec l'aide de la chaleur (Seubert et Schmidt).

Le pyrophosphate et le silicate de magnésium sont totalement décomposés à la haute température du four électrique (Moissan).

---

(1) Dans les notes sur le chlore, j'ai parlé de la décomposition par l'air de l'oxy-chlorure de magnésium (procédé Weldon-Péchiney), et dans les notes sur le soufre, j'ai exposé l'action du chlorure de magnésium sur le sulfure de calcium.

(2) On savait que Mg agissait sur SiO^2 à haute température, mais le résultat de la réaction, telle qu'elle était effectuée alors, était un siliciure de magnésium et non du silicium.

Le magnésium s'unit à l'argon et à l'hélium, sous l'influence prolongée de fortes effluves (Troost et Ouvrard).

Le pouvoir réducteur de l'amalgame de magnésium a été étudié par Fleck et Basset, qui ont pu hydrogéner plusieurs composés organiques. Ils préparaient cet amalgame en chauffant dans un creuset du mercure et du magnésium en poudre. M. Boudouard a fait connaître deux alliages définis : $AlMg^2$ et $AlMg$.

M. Ditte a obtenu un azotate basique :

$$4MgO.Az^2O^5.$$

M. G. Didier, en opérant dans d'autres conditions, a formé un autre sel basique :

$$3MgO.Az^2O^5 + 5H^2O$$

Ce sel est détruit rapidement par l'eau froide.

M. R. Varet a étudié le cyanure de magnésium, $MgCy^2$, et mesuré sa chaleur de formation ($+ 112^{cal.}0$).

MM. Tassilly, André, Krause, etc., ont fait connaître plusieurs *oxychlorures et oxybromures* de magnésium. Voici la composition de quelques-uns de ces dérivés :

$$MgCl^2,MgO + 16H^2O \; ; \qquad MgCl^2,MgO + 6H^2O$$
$$MgBr^2,3MgO + 12H^2O \; ; \quad MgBr^2,3MgO + 6H^2O.$$

Le *carbure de magnésium* a été préparé par Moissan en chauffant avec précaution du magnésium en poudre dans un courant de gaz acétylène (réaction de Berthelot). Ce carbure n'est pas pur, mais il fournit de l'acétylène au contact de l'eau :

$$C^2Mg + H^2O = MgO + C^2H^2.$$

Ce carbure est totalement décomposé à haute température (Moissan).

Mourlot prépare MgS amorphe par l'action du soufre et de l'hydrogène sulfuré sur la limaille de magnésium, à haute température. Le sulfure cristallisé est obtenu par la fusion du sulfure amorphe au four électrique. On a préparé un *oxysulfure* :

$$MgO,MgS.$$

M. Gautier a décrit un *phosphure :*

$$Ph^2Mg^3$$

décomposable par l'eau, stable dans l'air sec.

Le magnésium s'allie à chaud avec le calcium ; l'alliage est cassant et décompose l'eau froide (Moissan).

Erdmann et Menke préparent le *césium,* en réduisant à chaud l'hydrate de césium par le magnésium pulvérulent.

M. de Schulten a préparé les sels doubles suivants :

$$KI,MgI^2 + 6H^2O \; ; \; AzH^4I,MgI^2 + 6H^2O \; ;$$

ce sont des *carnallites iodées* de potassium et d'ammonium.

La *tachydrite* est un chlorure double, renfermant 2 molécules de $MgCl^2$; sa formule véritable est donc :

$$CaCl^2,2MgCl^2 + 12H^2O.$$

La stabilité du chlorure de magnésium en solution aqueuse est très grande ; si l'on filtre d'une manière continue pendant plusieurs jours des solutions aqueuses de concentrations diverses, du chlorure de magnésium hydraté normal, sur du noir animal bien lavé, desséché et préalablement humecté d'eau, il n'y a pas production de magnésie ou d'oxychlorure (Œchsner de Coninck).

Par contre, lorsqu'on évapore la solution, il y a une température fixe où le chlore du chlorure réagit avec l'eau :

$$MgCl^2 + H^2O = 2HCl + MgO.$$

Le chlorure de magnésium se combine avec la magnésie pour former des *oxychlorures* (voyez notes sur le chlore); il est décomposable, au rouge sombre, par l'oxygène :

$$MgCl^2 + O = MgO + 2Cl.$$

La décomposition de l'oxychlorure par l'oxygène de l'air :

$$MgO,MgCl^2 + O = 2MgO + 2Cl$$

est devenue une réaction industrielle entre les mains de Weldon et Péchiney.

Demarçay a isolé un azotate double de magnésium et de gadolinium.

Ampola et Ulpiani ont étudié l'action des bactéries dénitrifiantes sur l'azotate de magnésium ; ce sel est assez difficilement décomposable.

Mallet a fait connaître les propriétés cristallographiques des sulfates doubles de magnésium et des principaux métaux monovalents.

Jones et Chambers ont décrit les anomalies cryoscopiques et mesuré la conductibilité des solutions aqueuses du chlorure et du bromure de magnésium.

Travaux sur le Manganèse

Historique. — Entrevu, en 1774, par Scheele, le manganèse a été découvert par Gahn qui réussit à réduire l'oxyde par le charbon.

Parmi les procédés qui ont été proposés par les chimistes les plus autorisés, il convient de citer :

1° Le procédé de Sainte-Claire-Deville, qui consiste à réduire l'oxyde salin dans un creuset de chaux par du charbon de sucre ;

2° Le procédé de Brunner, qui attaquait le fluorure de manganèse par le sodium métallique ;

3° Le procédé de Fremy, par lequel on décompose le chlorure de manganèse au moyen du sodium en vapeur ;

4° Le procédé de Bunsen, qui repose sur l'électrolyse d'une solution saturée de $MnCl^2$;

5° Le procédé de Moissan, au four électrique.

Alliages. Terreil a préparé un alliage, Mn^3Al, en chauffant $MnCl^2$ avec de l'aluminium. Cet alliage est assez dur pour rayer le verre.

Moissan a obtenu un amalgame bien cristallisé en électrolysant $MnCl^2$ au contact d'une électrode négative constituée par du mercure.

Diffusion du manganèse dans la nature. — On doit à Maumené un travail étendu sur ce sujet ; ce chimiste a trouvé du manganèse dans plusieurs espèces de vins du bas Beaujolais, dans le blé, dans le seigle, dans l'oseille, dans le riz, l'orge, les féverolles, la betterave, la carotte, les asperges, la chicorée sauvage, le persil double, dans la pomme reinette, les noyaux d'abricot, le cacao, le thé, les haricots verts, le tabac, le sainfoin, l'avoine, le cumin etc., etc. (1)

Moissan a volatilisé le manganèse métallique dans le four électrique (1894).

Troost et Hautefeuille ont obtenu un carbure CMn^3, qui décompose l'eau avec production de formène et d'hydrogène libre.

Moissan a préparé le même carbure, au four électrique, par l'action de C^2Ca sur Mn^3O^4. Le carbure de manganèse porté à une très haute température laisse un résidu de coke et de graphite, tandis que le métal est volatilisé (Gin et Leleux). Ce même carbure, chauffé avec Bo^2O^3, donne un borure, Bo^2Mn. M. Vigouroux, au four électrique, a obtenu un *siliciure* $SiMn^2$ soit par action de Si sur Mn, soit par action de Si sur Mn^3O^4, soit par réduction de $SiO^2 + Mn^3O^4$ par C.

FERROMANGANÈSES. — Les ferromanganèses se préparent dans les hauts fourneaux, en traitant des mélanges d'oxydes de fer et de manganèse par le charbon ; ils sont employés aujourd'hui pour fabriquer les aciers.

COMPOSÉS OXYGÉNÉS. — Les composés oxygénés du manganèse présentent un parallélisme tout à fait remarquable avec ceux du fer :

---

(1) J'ai déjà parlé du manganèse dans les notes sur le chlore et sur l'oxygène (régénération du bioxyde de manganèse et procédé Tessié du Motay).

FeO	MnO
Fe^2O^3	Mn^2O^3
Fe^3O^4	Mn^3O^4
»	MnO^2
FeO^3	MnO^3.

A l'anhydride manganique correspond l'acide manganique $MnO^4H^2 = MnO^3 + H^2O$.

L'anhydride permanganique Mn^2O^7 a été isolé ; avec l'eau, il forme l'acide permanganique $Mn^2O^8H^2$.

Les permanganates, surtout celui de potassium, jouent un rôle de première importance, en chimie, comme agents oxydants

Sels haloïdes. — Le chlorure manganique $MnCl^4$ prend naissance dans la première phase de l'action d' HCl en excès sur MnO^2 (Berthelot).

Le chlorure manganeux cristallise avec 4 molécules d'eau:

$$MnCl^2 + 4H^2O.$$

Il se présente sous la forme de prismes clinorhombiques. Lorsqu'on le chauffe à l'air, il perd une certaine quantité de chlore et absorbe de l'oxygène.

En solution aqueuse, étendue ou concentrée, il est très stable ; on peut filtrer cette solution, pendant plusieurs jours, sur du noir animal bien lavé, desséché et préalablement humecté d'eau, sans qu'il subisse la moindre oxydation ou décomposition (Œchsner de Coninck).

Kouznezoff a décrit un nouvel hydrate:

$$MnCl^2 + 6H^2O$$

qui se décompose à — 2°.

Le bromure cristallisé est $MnBr^2 + 4H^2O$; un courant d'oxygène sec en chasse le brome au rouge sombre :

$$MnBr^2 + O = MnO + 2Br.$$

L'iodure $MnI^2 + 4H^2O$ est totalement décomposé à chaud par l'oxygène (Berthelot).

Le fluorure, $MnFl^2$, est réduit à chaud par le sodium avec production de manganèse (procédé Brunner).

Manganates. — Ces sels prennent naissance lorsqu'on calcine, dans un courant d'air, un mélange de MnO^2 et d'un alcali. (Voyez notes sur l'oxygène, procédé Tessié du Motay).

Permanganates. — Ces sels, très importants, résultent d'une oxydation plus complète de MnO^2. J'indiquerai la fabrication du permanganate de potassium.

On évapore une lessive de potasse avec du chlorate, ClO^3K ; puis, pendant l'évaporation, on ajoute un excès de MnO^2 pulvérisé. On continue à chauffer jusqu'à fusion. On laisse refroidir tout en agitant la masse. On porte celle-ci au rouge, jusqu'à ce qu'elle soit devenue presque liquide. On laisse refroidir, puis on ajoute un excès d'eau que l'on chauffe progressivement. On décante ; on évapore enfin de manière à faire cristalliser. Voici la réaction qui se passe :

$$6MnO^2 + 12KHO + 2ClO^3K = 6MnO^4K^2 + 6H^2O + 2KCl.$$

Lorsqu'on dissout le produit formé pendant la fusion, le manganate potassique se décompose en potasse, bioxyde de manganèse et permanganate :

$$3MnO^4K^2 + 6H^2O = 2MnO^4K + 4KHO + MnO^2 + 4H^2O.$$

Permanganate (1)

PROCÉDÉ DE STAEDELER. — Dans ce procédé, on oxyde le manganate de potassium par un courant de chlore :

$$2(MnO^4K^2) + 2Cl = 2KCl + Mn^2O^8K^2$$

Permanganate.

PROCÉDÉ ÉLECTRIQUE. — Actuellement, on fait passer un courant électrique à travers la solution aqueuse du manganate de potassium.

On a préparé la plupart des manganates et permanganates métalliques.

SULFURES DE MANGANÈSE. — Le sulfure de manganèse, MnS, se présente sous deux modifications, l'une *rose*, l'autre *verte*.

Ces deux modifications, qui ont été bien étudiées par MM. de Clermont et Guyot, sont aujourd'hui employées en chimie industrielle.

TRAVAUX SUR LE CHROME

HISTORIQUE. — Le chrome a été découvert par Vauquelin, dans un chromate de plomb *(plomb rouge de Sibérie)* [1797].

Les procédés mis en œuvre ont été :

1° Le procédé de Wœhler (réduction de Cr^2Cl^6 par le zinc en présence des chlorures alcalins ;

(1) Pour mieux distinguer entre les *manganates* et les *permanganates*, il convient d'adopter la formule $Mn^2O^8R^2$ pour les permanganates.

2° Le procédé de Sainte-Claire-Deville (réduction de Cr^2O^3 par le charbon) ;

3° Le procédé de Bunsen (électrolyse de $CrCl^2$) ;

4° Le procédé Moissan (réduction des oxydes de chrome par C au four électrique).

H. Debray a obtenu du chrome métallique, en réduisant CrO^4Pb à haute température. L'alliage de Pb + Cr formé, était traité par AzO^3H étendu qui dissolvait Pb seulement.

Moissan a obtenu du *chrome amorphe* en décomposant par la chaleur, à l'abri de l'air, un amalgame de chrome. Le chrome préparé au four électrique est *cristallisé*.

M. Férée a isolé deux amalgames HgCr et Hg^3Cr qui, étant chauffés, ont fourni un *chrome pyrophorique*.

Carbures de chrome. — Moissan (1894) a obtenu deux carbures, au four électrique :

Le premier, C^2Cr^3, qui cristallise aux températures les plus élevées ;

Le second, CCr^4, prend naissance en même temps que la *fonte de chrome*. Moissan a aussi fait connaître un *siliciure* $SiCr^2$.

Fonte de chrome. — Moissan la prépare, en réduisant Cr^2O^3 par C au four électrique. Avec un courant de 350 ampères et 50 volts, la préparation de cette fonte est très rapide.

Ferrochrome. — C'est un alliage triple de Cr,Fe,C, qui se fabrique dans les hauts fourneaux. Il sert à préparer le fer et l'acier chromés.

Fluorures. — Poulenc a décrit le fluorure chromeux,

$CrFl^2$, le fluorure chromique Cr^2Fl^6 et son hydrate :

$$Cr^2Fl^6 + 7H^2O$$

ainsi que le fluorure double :

$$Cr^2Fl^6,6KFl.$$

Chlorure chromeux. — Moissan prépare ce sel, $CrCl^2$, en chauffant Cr^2Cl^6 avec AzH^4Cl.

Berthelot a montré qu'à froid, et en présence de l'acide chlorhydrique, l'eau est décomposée par $CrCl^2$, avec dégagement d'hydrogène.

Selon Chesneau, le bioxyde d'azote est absorbé par la solution de $CrCl^2$, et il se produit une combinaison :

$$(CrCl^2)^3AzO.$$

Sesquioxyde. — Moissan a réussi à fondre et à faire cristalliser Cr^2O^3 au four électrique. A ces hautes températures, le sesquioxyde se combine facilement avec la chaux et donne des composés bien cristallisés.

Chromates. — Wyrouboff a obtenu les *tri* et *tétrachromates* de potassium :

$$K^2O,3CrO^3 \text{ et } K^2O,4CrO^3.$$

Il a obtenu aussi les sels correspondants d'ammonium.

Perchromates. — Par l'action du bioxyde de sodium sur certains sels de chrome, Kassner a préparé un *perchromate* de sodium, auquel il assigne la formule :

$$Cr^2O^{15}Na^6 + 28H^2O.$$

Wiede a décrit, de son côté, un certain nombre de sels

dans lesquels il admet l'existence d'un acide *perchromique* CrO^5H^2.

Cette formule peut se décomposer des deux manières suivantes :

$$a)\ CrO^5H^2 = CrO^3 + H^2O^2$$

$$b)\ CrO^5H^2 = CrO^3 + O + H^2O.\ (?)$$

SELS DE CHROME. — Ces sels, comme on le sait, sont ou *verts* ou *violets*. Les travaux de Recoura aboutissent à la conclusion que la base des sels violets est :

$$Cr^2(OH)^6$$

tandis que la base des sels verts est :

$$Cr^2O(OH)^4.$$

ACIDES COMPLEXES DU CHROME. — Ils ont été découverts et bien étudiés par Recoura.

D'après cet auteur, le *sulfate vert* de chrome se combine avec 1, 2, 3 molécules d'acide sulfurique pour former trois acides à radical complexe :

L'acide chromosulfurique $(Cr^2 4SO^4)H^2$;
— chromodisulfurique $(Cr^2 5SO^4)H^4$;
— chromotrisulfurique $(Cr^2 6SO^4)H^6$.

Dans ces acides, le chrome et l'acide sulfurique sont dissimulés à leurs réactifs ordinaires.

Recoura a obtenu, en outre, des combinaisons de l'acide chromique avec le sulfate de chrome ; ces combinaisons ont les caractères et les propriétés d'acides, et d'acides à radical complexe. Je n'indiquerai ici que leurs formules moléculaires, qui sont.

$(SO^4)^3Cr^2 + 2CrO^4H^2 =$ *acide chromo-sulfo-dichromique ;*
$(SO^4)^3Cr^2 + 3CrO^4H^2 =$ *acide chromo-sulfo-trichromique.*

Ces deux acides ont été bien étudiés par Recoura.

Travaux sur l'Aluminium

Historique. — L'aluminium a été découvert par Wœhler, en 1827. Sainte-Claire-Deville a modifié d'une manière remarquable le procédé de Wœhler, et son procédé est devenu industriel.

Aujourd'hui on prépare l'aluminium et plusieurs de ses alliages, en électrolysant la cryolithe mélangée d'alumine, et d'oxydes métalliques ou de métaux, si l'on veut obtenir les alliages. (Procédé Minet, Procédé Héroult).

Parmi les alliages obtenus, et qui sont devenus industriels, il faut citer les *bronzes* et les *laitons* d'aluminium, le *ferro-aluminium*, etc.

Chauffé au four électrique, l'aluminium est volatilisé et transformé partiellement en alumine (Moissan).

La poudre d'aluminium s'enflamme au contact du bioxyde de sodium (Rossel) ; elle réduit, au rouge, CO^2, CO, et les carbonates alcalins et alcalino-terreux :

a) $3CO^2 + 4Al = 2Al^2O^3 + 3C$ (Franck) ;
b) $3CO + 2Al = Al^2O^3 + 3C$ (Mallet) ;
c) $CO^3Na^2 + 2Al = Al^2O^3 + C + 2Na$;
d) $CO^3Ca + 2Al = Al^2O^3 + C + Ca$.

L'aluminium pulvérulent réduit aussi SiO^2 vers $+ 800^\circ$; il se forme du silicium cristallisé (M. Vigouroux).

L'aluminium réduit l'anhydride tungstique à une température élevée ; le tungstène mis en liberté renferme 2,6 % d'aluminium. Au four électrique, ce tungstène perd son aluminium, ne fond que superficiellement, et tend à se carburer (Stavenhagen).

Les anhydrides molybdique et uranique (MoO^3 ; UO^3) peuvent aussi être réduits par l'aluminium, avec l'aide de la chaleur ; le molybdène et l'uranium obtenus sont assez purs (Stavenhagen).

Si l'on introduit de l'aluminium dans les solutions de certains d'entre ses sels, on observe un dégagement d'hydrogène (M. Lemoine).

D'après Wislicenus et Kaufmann, l'amalgame d'aluminium est un excellent réducteur ; il décompose l'eau rapidement :

$$2Al + 3H^2O = Al^2O^3 + 6H.$$

Le *couple aluminium-mercure* peut jouer le rôle d'agent condensateur vis-à-vis des composés organiques ; il facilite aussi la bromuration de certains de ces composés (MM. Cohen, Skirrow, Dakin).

M. Boudouard a décrit récemment deux alliages définis $AlMg^2$ et $AlMg$.

ALUMINIUM DU COMMERCE. — Moissan a rencontré du sodium dans de l'aluminium préparé par voie électrolytique : *Al pur n'attaque pas H^2O.*

L'aluminium du commerce renferme un peu de fer, de silicium, de cuivre, de sodium, de carbone, et des traces de soufre, d'azote et de titane.

Moissan a préparé, au four électrique, un carbure C^3Al^4 bien cristallisé et stable ; l'eau le décompose en donnant du formène

ALUMINE. — L'alumine fond et cristallise vers +2250° au four électrique ; si l'on ajoute un peu de sesquioxyde de chrome, il se fait du rubis (Moissan).

L'alumine est réduite par le charbon, à la haute température du four électrique (Moissan).

Warren place de l'alumine dans un tube de chaux, qui est chauffé au chalumeau oxhydrique, et fait passer un courant d'hydrogène. L'alumine est partiellement réduite.

Villiers a obtenu un hydrate défini à 4 molécules d'eau :

$$Al^2O^3 + 4H^2O.$$

SELS D'ALUMINIUM. — Panfiloff a obtenu les hydrates suivants du bromure et de l'iodure d'aluminium :

$$AlBr^3,6H^2O\ ;\ AlBr^3,15H^2O\ ;\ AlI^3,15H^2O.$$

Lubarsky a préparé l'*hydrate* :

$$AlCl^3 + 9H^2O.$$

V. Thomas a obtenu, par absorption directe, la combinaison :

$$Al^2Cl^6.AzO.$$

Si l'on filtre sur du noir animal bien lavé, desséché, puis humecté d'eau, des solutions moyennement concentrées de chlorure d'aluminium *très pur*, on n'observe aucune décomposition, même au bout d'un temps assez long (Œchsner de Coninck).

Le chlorure d'aluminium, d'après les densités de vapeur, a pour formule Al^2Cl^6 aux basses températures, et $AlCl^3$ aux températures élevées. Le chlorure d'indium possédant aussi les 2 formules In^2Cl^6 et $InCl^3$, on voit que, sous ce rapport, l'aluminium se rapproche de l'indium (Chabrié, Dammer, etc.).

Stillmann et Yoder ont décrit la combinaison ammoniacale :

$$AlCl^3, 6AzH^3$$

qui n'est pas très stable.

M. Baud, par l'action du gaz ammoniac sec sur le chlorure d'aluminium anhydre, à la température ordinaire, a obtenu le composé :

$$Al^2Cl^6, 12AzH^3$$

qui se dissocie vers 180°, en donnant :

$$Al^2Cl^6, 10AzH^3.$$

Ce dernier se dissocie à son tour vers + 400°, en formant une nouvelle combinaison :

$$Al^2Cl^6, 2AzH^3$$

qui distille sans décomposition.

Par l'action de AzH^3 sur Al^2Cl^6, vers — 20°, M. Baud a obtenu :

$$Al^2Cl^6, 18AzH^3$$

dissociable à partir de — 15°.

En fondant Al^2Cl^6 avec les principaux chlorures alcalins, M. Baud a obtenu les chlorures doubles suivants :

$$Al^2Cl^6, 3NaCl ; Al^2Cl^6, 3KCl ;$$
$$Al^2Cl^6, 6NaCl ; Al^2Cl^6, 6KCl.$$

Ces deux derniers correspondent aux cryolithes. Le même auteur a mesuré les chaleurs de formation de ces composés, et celles des composés :

$$Al^2Cl^6, 2NaCl ; Al^2Cl^6, 2KCl ; Al^2Cl^6, 2AzH^4Cl.$$

Au point de vue thermique, il y a analogie entre le sel double de potassium et le sel double d'ammonium. Ce dernier, d'ailleurs, n'avait pas encore été signalé.

M. Matignon a isolé un *phosphure* d'aluminium, donnant de l'hydrogène phosphoré, PhH^3, avec l'eau acidulée.

M. Fonzes-Diacon prépare un *séléniure* d'aluminium en enflammant, au contact d'une cartouche d'aluminium, un mélange intime de séléniate de plomb et d'aluminium. Ce séléniure est altérable à l'air.

M. Schlumberger a fait connaître un *sous-carbonate :*

$$CO^2.2Al^2O^3 + 6H^2O$$

et un *sous-sulfate :*

$$SO^3.2Al^2O^3 + 7H^2O.$$

Alcoolates d'aluminium. — Hillyer, qui a étudié ces combinaisons avec soin, n'a pu isoler le *méthylate* et *l'éthylate ;* mais, il a préparé le *propylate :*

$$Al(OC^3H^7)^3 ;$$

c'est une masse cireuse fondant à $+ 65°$, et pouvant bouillir presque sans décomposition, sous pression très réduite. *L'iso-amylate :*

$$Al(OC^5H^{11})^3$$

est une masse épaisse, bouillant à $+ 291°$, sous une pression de 12 millimètres.

Travaux sur l'Indium

Historique. — L'Indium a été découvert par Reich et Richter (1863). Il a été retrouvé par Hoppe-Seyler, un peu plus tard, et étudié d'abord par Reich, Richter, Winkler,

R. Meyer, etc.; plus récemment par Bayer, Bunsen, Nilson, Nilson et Pettersson, Ditte, Schneider, Chabrié etc.

CHLORURES. — Ces sels ont été étudiés par Nilson et Pettersson, dès 1888.

Le *trichlorure*, $InCl^3$, a été préparé soit par l'action du chlore sur l'indium, soit par l'action du chlore sur le bichlorure.

Le *dichlorure*, $InCl^2$, se forme dans l'action d'HCl gazeux, à chaud, sur l'indium.

Le *monochlorure*, InCl, a été obtenu dans l'action de l'indium sur le dichlorure. C'est un composé très déliquescent.

$InCl^2$ et InCl sont décomposés par l'eau en trichlorure et indium métallique :

$$a)\ 3InCl^2 = In + 2InCl^3$$
$$b)\ 3InCl = InCl^3 + 2In.$$

Selon Dammer, le trichlorure d'indium doit être représenté par In^2Cl^6 à basse température, et par $InCl^3$ à haute température. Cette manière de voir a été plus récemment admise par MM. Chabrié et Rengade.

Au chlorure In^2Cl^6, doit correspondre un sesquioxyde ; la formule de l'oxyde d'indium doit donc être In^2O^3.

Cette dernière formule avait été corroborée par la préparation d'un *alun d'ammonium* (Roessler) :

$$SO^4(AzH^4)^2 + (SO^4)^3In^2 + 24H^2O.$$

MM. Chabrié et Rengade ont apporté un nouvel argument en sa faveur, en faisant connaître les *aluns de césium et de rubidium :*

$$SO^4Cs^2 + (SO^4)^3In^2 + 24H^2O,$$
$$\text{et } SO^4Rb^2 + (SO^4)^3In^2 + 24H^2O.$$

Willgerodt a montré que l'indium a la propriété de faciliter la substitution du chlore, ou du brome, ou de l'iode, dans la molécule de la benzine.

Acétyl-acétonate d'Indium. — Ce sel a été isolé par MM. Chabrié et Rengade, qui lui ont assigné la formule:

$$[(CH^3 - CO)^2 = CH]^6In^2.$$

Mais l'ébullioscopie de ce sel dans le bromure d'éthylène a conduit au poids moléculaire 405, qui correspond à la formule :

$$[(CH^3 - CO)^2 = CH]^3In.$$

Ces deux formules correspondent bien aux deux formules du chlorure (voyez plus haut). Pour MM. Chabrié et Rengade, l'indium se rapproche des métaux à sesquioxydes, et principalement, de l'aluminium.

Action de la chaleur sur les solutions des aluns de césium et de rubidium. — Cette action a été étudiée par MM. Chabrié et Rengade ; la solution de l'alun de césium abandonne, à l'ébullition, de l'oxyde d'indium In^2O^3.

La solution d'alun de rubidium abandonne, à l'ébullition, un précipité renfermant de l'indium, du rubidium et de l'acide sulfurique. Les auteurs n'indiquent pas de formule pour ce précipité, dans leur mémoire.

Amalgame d'Indium. — MM. Chabrié et Rengade ont obtenu facilement un amalgame d'indium, par combinaison directe des 2 métaux.

Sous ce rapport, l'indium *se montre analogue au zinc*, rapprochement qui avait été fait, depuis fort longtemps, par Berzélius, d'après d'autres considérations.

Poids atomique. — M. Benoist a trouvé le nombre 113,4 pour le poids atomique de l'indium, qui concorde bien avec le nombre théorique, calculé d'après la loi de Dulong et Petit.

Travaux sur le Glucinium

Historique. — Le glucinium a été découvert par Woehler (1827) ; dès 1797, Vauquelin avait distingué la glucine (oxyde de glucinium) dans l'émeraude de Limoges.

Le glucinium a été étudié par Woehler, Berzélius, Andejew, Debray, Scheffer, etc , puis, plus récemment, par Nilson et Pettersson, Reynolds, L. Meyer, Brauner, Thomsen, Atterberg, Marignac, Gibson, Wyrouboff, Moissan, Lebeau, Mallet, Ampola et Ulpiani, etc.

Préparations du glucinium. — De nombreux procédés ont été proposés. Krüss et Moraht décomposent par le sodium, le fluoglucinate double :

$$GlFl^2, 2KFl.$$

Winkler réduit la glucine, à haute température, par le magnésium :

$$GlO + Mg = MgO + Gl$$

Tout récemment, Lebeau a électrolysé le fluorure de glucinium qu'il rendait conducteur en l'additionnant de fluorure de sodium ou de potassium.

Lebeau a aussi préparé des alliages de glucinium, en réduisant le mélange des oxydes par le charbon au four électrique. *Les bronzes de glucinium* ressemblent beaucoup aux bronzes d'aluminium.

HYDRURE. — D'après Winkler, le glucinium peut absorber l'hydrogène et donner un hydrure GlH.

BOROCARBURE. — Lebeau a obtenu $Bo^3C.\ 3CGl^2$, au four électrique, en réduisant la glucine par un mélange de bore et de charbon.

CARBURE. — C^3Gl^4 ; Lebeau l'a préparé au four électrique par l'action du charbon sur la glucine. Ce composé aurait, d'après Louis Henry, la formule CGl^2.

POIDS ATOMIQUE. — Krüss et Moraht, d'après l'analyse du sulfate, indiquent le nombre 9,027.

GLUCINE GlO. — Krüss et Moraht ont fait connaître un procédé permettant d'extraire la glucine du leucophane d'Arendal.

Havens a proposé un procédé pour séparer la glucine d'avec l'alumine.

Gibson a publié dans le *Journal of chem. Society*, le procédé suivant : on chauffe dans une marmite de fonte l'émeraude réduite en poudre grossière avec 6 fois son poids d'AzH^4Fl. Cette calcination est faite au rouge sombre. SiO^2 est volatilisée à l'état de $SiFl^4$; le résidu est épuisé par l'eau bouillante ; toute la glucine passe en solution ; elle est accompagnée de fer et d'un peu d'alumine, dont on se débarrasse par précipitation fractionnée, au moyen du sulfhydrate d'ammoniaque.

On doit aussi à Lebeau un procédé de laboratoire, pour préparer la glucine pure avec l'émeraude.

FABRICATION DE LA GLUCINE. — Lebeau réduit l'émeraude avec le carbure de calcium, d'après l'indication de Moissan ; il extrait ainsi, *rapidement,* de 90 à 95 % environ de la glucine de l'émeraude.

SELS DE GLUCINIUM. — Hart a préparé plusieurs sels de glucinium, dans un grand état de pureté.

Lebeau a décrit le *fluorure* $GlFl^2$, et un *oxy-fluorure* :

$$2GlO, 5GlFl^2.$$

Klüss a fait connaître un sel basique *(hyposulfate)* :

$$5GlO, 2S^2O^5 + 14H^2O.$$

Rammelsberg a obtenu un *hypophosphate* :

$$PhO^3Gl + 1{,}5H^2O.$$

Krüss et Moraht décrivent des *sulfites* et un *borate basique* :

$$2GlO, SO^2 ; 4GlO, 3SO^2 ; SO^3Gl ; 5GlO, Bo^2O^3.$$

Mallet a publié une étude sur les propriétés cristallographiques d'un sulfate double de glucinium et de potassium.

Ampola et Ulpiani ont constaté que l'azotate de glucinium est difficilement décomposé par les bactéries dénitrifiantes.

Selon Rosenheim et Itzig, la glucine accroît notablement le pouvoir rotatoire des acides tartrique et malique

Travaux sur l'Or

D'après Rose, l'or est faiblement entraîné par les vapeurs d'autres métaux plus volatils que lui.

L'or fond à + 1064° (M. D. Berthelot).

Ditte a fait cristalliser de l'or dans un mélange fondu de sel marin et de pyrosulfate de sodium.

Sigmondy a réussi à préparer des solutions d'or colloïdal à 0, 12 %; si la concentration devient plus forte, l'or se précipite. Les solutions d'or colloïdal sont tantôt bleues, tantôt noires, tantôt rouges.

Selon Baker, le chlorure mercureux, à + 444°, ne donne pas d'amalgame quand on expose l'or à sa vapeur; si Hg^2Cl^2 est humide, l'amalgame se produit.

Granger a obtenu un *phosphure* d'or :

$$Ph^4Au^3.$$

qui se décompose totalement quand on le chauffe à l'air. Schneider a décrit des sulfures d'or, Au^2S et Au^2S^3 colloïdaux; il a étudié le disulfure Au^2S^2.

A. Gautier a montré que la solution de chlorure d'or au 1/100e est un bon réactif pour absorber l'oxyde de carbone.

Lorsqu'on filtre une solution d'$AuCl^3$ sur du noir animal bien lavé, desséché, puis humecté d'eau, le chlorure d'or est décomposé (Œchsner de Coninck).

D'après Sonstadt, une solution extrêmement étendue de chlorure d'or dans l'eau, se décompose à chaud dans le sens suivant :

$$a)\ AuCl^3 + 2H^2O = AuCl + 2HCl + H^2O^2$$

$$b)\ 3(AuCl) = AuCl^3 + 2Au.$$

Par addition d'arsénite acide de potassium, à une solution moyennement concentrée d'$AuCl^3$, il se dépose peu à peu de l'arsénite aureux :

$$Au^2O,As^2O^3 \text{ (Reichard).}$$

Précipitation de l'or. — S'il faut en croire Langguth, le meilleur réactif pour précipiter, en grand, l'or, de ses solutions, est l'hydrogène sulfuré. Le sulfure d'or obtenu est calciné avec un peu de borax et de salpêtre. Cette réaction paraît économique et avantageuse au point de vue industriel (voyez plus loin).

Séparation électrolytique de l'or. — Smith et Muhr, Smith et Wallace, etc., ont décrit plusieurs procédés, permettant de séparer l'or d'avec Pa, Cu, Co, Ni, Zn, Pt, As, Mo, Tu et Os.

Le procédé de Smith et Muhr consiste à amener les métaux à l'état de solution dans le cyanure de potassium en excès. Celle-ci est électrolysée au moyen d'un courant faible, l'or se dépose entièrement le premier.

Il résulte des études spéciales de Mac-Laurin, que la présence de l'oxygène est nécessaire pour que l'or se dissolve dans une solution de cyanure de potassium :

$$2Au + 4CyK + O + H^2O = 2(KCy.AuCy) + 2(K.OH).$$

Mac-Laurin a observé que la vitesse de dissolution de l'or dans la solution de cyanure de potassium ne croît pas d'une manière continue, mais qu'elle passe par un maximum.

D'après le même chimiste, une solution aqueuse de cyanure de potassium, agissant sur un alliage d'or et d'argent, dissout des quantités de ces deux métaux proportionnelles aux poids d'or et d'argent qui composent l'alliage.

Smith et Wallace ont constaté que les séparations électrolytiques s'effectuent plus rapidement, si la liqueur à électrolyser est maintenue vers + 70°.

Je vais examiner maintenant quelques procédés de préparation de l'or :

PROCÉDÉ LOSSEN. — Dans ce procédé, le minerai brût ou grillé est mélangé avec une solution d'hypobromite (de Na ou de K), jusqu'à ce que tout l'or soit dissous ; la liqueur doit être maintenue alcaline. On filtre ; l'or est dans la liqueur sous forme *d'aurate ;* on fait passer celle-ci à travers des caisses remplies de morceaux de fer et de charbon ou de coke ; l'or est précipité et s'accumule ainsi peu à peu. On amène la liqueur dans des cuves, où on la soumet à l'électrolyse, ce qui régénère la liqueur primitivement employée.

PROCÉDÉ PLATTNER. — On dirige un courant de chlore sur les minerais humectés d'eau ; tout l'or passe à l'état de chlorure ; on reprend par un excès d'eau qui dissout $AuCl^3$, et on précipite par l'acide sulfhydrique. Le précipité est chauffé fortement avec du borax et du salpêtre.

PROCÉDÉ VAURÉAL. — J'extrais de l'ouvrage de M. de la Coux (1re édition, p. 155) la description de ce procédé, très instructive au point de vue chimique :

« On commence par bocarder et broyer finement le » minerai, on l'analyse ensuite, et on ajoute 4 fois la » quantité de *tétrasulfure de sodium* nécessaire pour faire » passer les sulfures d'arsenic et d'antimoine se trouvant » dans le minerai, à l'état de sulfarsénite de sodium et » sulfoantimoniate de sodium.

» Le tout est calciné dans une cornue à gaz ; on s'as-
» sure de la marche de l'opération et du terme de la réac-
» tion, en prenant des prises d'essai à différents moments.

» Déchargeant ensuite la cornue à l'abri de l'air, on
» pratique une lixiviation par une solution d'eau chaude,
» contenant la moitié environ de la quantité de polysulfure
» de sodium introduit dans la première opération du
» grillage.

» Les sulfaurates et les sulfo-sels solubles se trouveront
» alors dans la solution que l'on décante et filtre sur un
» mélange de sable fin et d'antimoine broyé.

» On change le filtre ; quant au contenu, il subit un
» traitement postérieur pour or.

» M. de Vauréal ne s'est pas borné à faire l'extraction
» de l'or, il a cherché à en retirer les autres métaux afin
» de tâcher de rendre sa méthode économique.

» D'abord, il extrait l'antimoine en traitant les sulfo-
» antimoniates de sodium formés par de vieilles ferrailles
» au rouge ; il se forme alors de l'antimoine et du sulfure
» double de fer et de sodium qui, traité par de l'air humide
» et de l'acide carbonique, produit du carbonate de soude,
» venant restreindre un peu les dépenses.

» L'antimoine, une fois enlevé, il faut extraire le cuivre
» et l'argent susceptibles de se rencontrer dans un mine-
» rai aurifère, si nous admettons que nous avons à traiter
» un minerai complexe de cuivre auro-argentifère.

» Pour cela, on opère sur les résidus de la lixiviation
» que l'on grille à une basse température ; de cette façon,
» les sulfures sont transformés en sulfates :

$$CuS + Ag^2S + 8O = SO^4Cu + SO^4Ag^2.$$

» Traitant ensuite le résidu grillé par de l'eau, et 2 à 3
» millièmes de NaCl, le sulfate d'argent soluble formé

» passe à l'état de chlorure d'argent qui se précipite.

« Quant aux sels de cuivre, de fer et de zinc, ils restent » en solution :

$$SO^4Ag^2 + SO^4Cu + 4NaCl = 2AgCl + CuCl^2 + 2(SO^4Na^2).$$

» Une des particularités de la méthode est ensuite *le » traitement du chlorure d'argent par du chlorure de » magnésium pour l'amener en solution.*

» Ces pertes d'argent sont relativement faibles, car » ayant éliminé au préalable l'arsenic et l'antimoine, il ne » peut y avoir de transformations désavantageuses en » arséniates et antimoniates d'argent insolubles ».

PROCÉDÉ MAC-ARTHUR ET FORREST. — Je n'en indiquerai que le principe ; les auteurs ont trouvé le moyen industriel de transformer certains résidus (*tailings, slimes*) en cyanure double d'or et de potassium :

$$2Au + 4KCy + O + H^2O = 2(KOH) + 2(KCy,AuCy).$$

On traite ce cyanure double par le zinc en copeaux, et l'or est précipité.

Ce procédé exige l'emploi de quantités considérables de cyanure de potassium. M. de Wilde a imaginé un procédé, très employé aujourd'hui, qui obvie à cet inconvénient.

PROCÉDÉS ÉLECTROCHIMIQUES. — Un grand nombre de procédés électriques ont été décrits ; c'est le chimiste Cassel qui a inventé le premier, en 1884.

Voici comment M. de la Coux (loc. cit., p. 188) décrit le procédé Cassel :

« On décompose d'abord, à l'aide d'un courant électrique, une solution de NaCl ; il se forme du chlore et » de l'oxygène à l'anode ou électrode positive.

» Grâce à la présence du chlore, il y a attaque du » minerai, qui est facilitée par l'oxygène produit, et, par » suite, formation du chlorure d'or :

$$3Cl + Au = AuCl^3.$$

» Ce dégagement d'oxygène a lieu soit par la décom- » position électrolytique de l'eau contenant le chlorure » de sodium en solution, soit par l'action secondaire du » chlore réagissant sur l'eau :

$$2Cl + H^2O = 2HCl + O.$$

» Une fois le chlorure d'or obtenu, on le dissout dans » l'eau ; mais, malheureusement, tout ne se passe pas » aussi simplement dans la pratique, et lorsqu'on traite » de cette façon les minerais aurifères, il y a une action » intermédiaire qui empêche l'extraction électrolytique » de l'or.

» En effet, lorsqu'on fait l'opération, il se produit, » comme nous venons de le voir dans la réaction précé- » dente, de l'acide chlorhydrique, en même temps que » l'oxygène se dégage enfin de l'acide hypochloreux ; » lorsque ces deux acides sont en présence de pyrites de » fer (ce qui est le cas le plus général dans les minerais » aurifères rebelles), ils transforment le fer de ces mine- » rais en un sel au minimum :

$$Fe + 2HCl = FeCl^2 + 2H.$$

» Ce sel de fer au minimum exercera son action réduc- » trice sur le chlorure d'or qui est en solution, et, par » suite, en précipitera le métal précieux à l'état métal- » lique :

$$6FeCl^2 + 2AuCl^3 = 3Fe^2Cl^6 + 2Au$$

» Quant au chlorure ferreux, il est transformé en » chlorure ferrique.

» L'or devant être précipité de cette façon, il s'agit » d'obvier à cet inconvénient qui empêche de conserver » l'or en solution, et, par suite, d'en faire l'électrolyse.

» C'est pourquoi Cassel a proposé de neutraliser les » acides formés par une base qui, bien entendu, doit » être incapable de précipiter l'or de sa solution ; de cette » façon, il évite aussi l'attaque de l'antimoine, de l'arsenic, » et autres éléments réfractaires :

$$Sb + 3HCl = SbCl^3 + 3H.$$

» Cassel ajoute de la chaux à la solution à électro- » lyser ; de cette façon, les acides sont neutralisés dès » leur formation :

$$2HCl + CaO^2H^2 = CaCl^2 + 2H^2O.$$

» Le fer, n'étant pas attaqué, il n'y a pas, par consé- » quent, de formation de sulfate de fer au minimum, ce » qui entraînerait la précipitation de l'or.

» L'or restant ainsi en solution, l'action acide sur » l'arsenic et l'antimoine ne pouvant se faire sentir, on » pourra pratiquer l'électrolyse directe du minerai sans » avoir besoin de le griller au préalable. »

Parmi les autres procédés électrochimiques, je citerai ceux de Manhès, de Siemens et Halske, etc.

Dans certaines usines, on combine le procédé électrochimique avec l'amalgamation ; une fois l'amalgame formé, on le soumet à la distillation (procédé Barker, procédé Wohlwill, etc.).

Travaux sur le Platine

Historique. — Entrevu par plusieurs chimistes et métallurgistes, le platine a été surtout bien étudié par Scheffer, Margraff, Macquer, Carrochez, Jannety et Wollaston.

Boussingault a décelé la présence du platine dans certains filons aurifères, en Colombie.

A côté des procédés de préparation du platine indiqués par Jannety, en France, et par Wollaston, en Angleterre, il convient de citer les modifications pratiques dues à Jacquelain et à Bréant.

Les procédés de Berzélius et de Doebereiner ont fait faire des progrès à la chimie du platine, en ce qu'ils ont rendu plus facile la séparation du platine d'avec les métaux appartenant à la même famille.

Mais les travaux de Ste-Claire-Deville sur la métallurgie du platine, sont des travaux de 1er ordre; et les recherches de ce savant, ainsi que celles qu'il a faites avec H. Debray, resteront comme un modèle.

Au point de vue industriel, il est juste de citer les observations très exactes et très utiles de Scheurer-Kestner relatives à l'attaque du platine par l'acide sulfurique concentré. Plus récemment, on a déterminé, avec une grande exactitude, le poids atomique du platine, et on a étudié ses sels et un grand nombre d'acides complexes qui dérivent de ses composés binaires. Tels sont les *platonitrites*, les *plato-iodo-nitrites*, si bien étudiés par Nilson, les acides platinotungstique et platino-molybdique de W. Gibbs, etc.

Moissan a fondu et volatilisé rapidement le platine, dans son four électrique ; le platine était en globules brillants, ou en poussière métallique près du creuset d'expérience.

H. Debray a fait connaître un alliage défini :

$$PtSn^4.$$

Le Chatelier a observé la formation, au rouge, d'une modification allotropique du platine iridié à 20 0/0.

Seubert a trouvé pour le poids atomique du platine le nombre 194,3 (moyenne de 136 analyses).

On doit à Leidié un bon procédé pour séparer le platine d'avec les métaux de la même famille.

Schützenberger a découvert un carbure de platine, PtC^2, en faisant agir le cyanogène sur le platine, à température élevée.

Tarugi dit avoir obtenu un carbure platinique, décomposable par l'eau, en réduisant certains sels de platine, à haute température, par le carbure de calcium.

Moissan a préparé le fluorure double :

$$PhFl^4, PtFl^2$$

dans l'action de $PhFl^5$ sur la mousse de platine au rouge.

Engel a décrit le *chlorure neutre :*

$$PtCl^4 + 4H^2O$$

et un *chlorhydrate de chlorure:*

$$PtCl^4 + 2HCl + 6H^2O.$$

Le magnésium réduit le chlorure de platine (Tommasi).

Si l'on filtre une solution insolée de $PtCl^4$ sur du noir animal bien lavé, desséché, puis humecté d'eau, le chlorure est décomposé (Œchsner de Coninck).

Pigeon a fait l'étude thermique du bromure $PtBr^4$ et de ses principales combinaisons.

Weibull a décrit des combinaisons de $PtCl^2$, $PtBr^2$, PtI^2 avec les sulfures alcooliques :

$$PtCl^2, 2(CH^3)^2S \text{ etc.}$$

Lossen, Alexander, obtiennent des combinaisons avec l'hydroxylamine :

$$PtCl^2,4AzH^2.OH ; Pt(OH)^2.4AzH^2.OH \text{ etc.}$$

Blomstrand, Enebuske, Rudelius, Löndahl, ont étudié une foule de combinaisons de $PtCl^2$, PtI^2 etc. avec les sulfures de méthyle, d'éthyle, de propyle, etc. :

$$Pt <^{Cl}_{S(C^2H^5)^2S(C^2H^5)^2Cl} ; Pt[S(C^2H^5)^2Cl]^2 \text{ etc.}$$

Jorgensen a préparé les combinaisons de $PtCl^2$ avec l'éthylène-diamine :

$$PtCl^2,C^2H^4(AzH^2)^2 \text{ etc.}$$

Th. Wilm a fait connaître un cyanure ammoniacal :

$$PtCy^4, 2AzH^3.$$

Selon Pullinger, $PtCl^2$ s'unit au gaz phosgène :

$$PtCl^2. 2COCl^2$$

Mylius et Fœrster ont isolé les dérivés suivants, qui rappellent les combinaisons découvertes par Schützenberger :

$$COPtCy^2 ; COPtBr^2 ; COPtI^2.$$

Schützenberger, après avoir décrit les combinaisons du platine avec l'oxyde de carbone, a obtenu un *sulfo-carbure :*

$$Pt^2CS^2 = C \begin{cases} Pt = S \\ Pt = S. \end{cases}$$

G. Rousseau a étudié les deux platinates de baryum :

$$PtO^2,BaO \text{ et } PtO^2,3BaO.$$

On doit à Vèzes une intéressante étude sur les *sels bromo-azotés* du platine :

$$Pt.4AzO^2.K^2 \,;\; Pt4AzO^2K^2.Br^2 \text{ etc.}$$

Le même auteur a préparé des sels *iodo-azotés* du platine, des *plato-oxalo-nitrites,* tels que :

$$Pt(CO^2 - CO^2)(AzO^2)^2K^2 + H^2O$$

et des *plato-oxalates :*

$$Pt(CO^2 - CO^2)^2K^2.$$

Antony et Lucchesi ont réussi à former un sulfure de platine colloïdal.

Les deux tellurures, $PtTe$ et $PtTe^2$, ont été isolés par Roessler.

Tivoli, en dirigeant AsH^3 dans une solution de chlorure de platine, a précipité l'*hydroxyarséniure :*

$$PtAsOH.$$

Reichard a décrit un *arsénite*, PtO^2,As^2O^3 ; et Barnett, un *pyrophosphite :*

$$PtO^2,Ph^2O^3,$$

et un *pyrophosphate :*

$$PtO^2,Ph^2O^5.$$

Je mentionnerai, enfin, une observation curieuse de M. et Mme Curie qui ont vu que les rayons du radium sont capables de modifier le platino-cyanure de baryum.

Travaux sur le Palladium

Historique. — Le palladium a été découvert par Wollaston ; il a été étudié par Wollaston, Bréant, Graham, Sainte-Claire-Deville et Debray, Chénevix, Clarke, Vauquelin, Fischer, Fehling, H. Müller, etc.

Le poids atomique du palladium a été déterminé par Joly et Leidié qui ont trouvé 105,438 et 105,665 ; par Bayley et Lamb qui indiquent 104,487 et 105,459 ; par Keiser et Breed qui ont trouvé : 106,25 en moyenne.

Moissan a constaté qu'au four électrique, le palladium dissout le carbone avec facilité ; il l'abandonne, avant sa solidification, sous forme de graphite, *mais ne fournit pas de carbure.*

Cooper-Coles conseille d'électrolyser le chlorure ammoniacal de palladium, pour obtenir un dépôt avantageux de palladium métallique.

Suivant Mond, Ramsay et Schields, le *noir de palladium* renferme 1,65 °/₀ d'oxygène qui ne peut être extrait au rouge sombre et dans le vide ; ce noir, convenablement préparé, peut absorber de grandes quantités d'oxygène et d'hydrogène.

D'après Dewar, le palladium compact absorbe 300 fois son volume d'hydrogène, à + 360°, sous une pression de 60 atmosphères, et la même quantité à 500° sous la pression de 120 atmosphères.

Zelinsky a employé le *couple* zinc-palladium, pour hydrogéner un grand nombre de substances organiques.

Kraut fait passer, sur une lame de palladium fortement chauffée, de l'oxygène chargé de gaz ammoniac. AzH^3 est rapidement oxydé ; il se produit de l'azotate d'ammonium, puis des vapeurs nitreuses.

Wilm a préparé l'oxyde palladeux pur PdO.

Walden a montré que l'hydrate palladeux transforme l'acide bromo-succinique gauche en acide malique gauche, agissant en cela comme l'hydrate thalleux.

Potain et Drouin se servent d'une solution très diluée de chlorure de palladium pour reconnaître dans l'air la présence de l'oxyde de carbone.

Grosdaref et Koursanoff ont étudié les combinaisons du palladium avec les bases organiques, entre autres avec l'éthylène-diamine :

$$PdCl^2,2(C^2H^4Az^2H^4), \text{etc.}$$

Finck a décrit des combinaisons de $PdCl^2$ avec l'oxyde de carbone :

$$C^2O^2PdCl^2 ;\ C^2O^2Pd^2Cl^4 ;\ C^3O^3Pd^2Cl^4.$$

Smith et Wallace ont isolé les bromures doubles suivants :

$$K^2PdBr^4 ;\ (AzH^4)^2PdBr^4,\ SrPdBr^4, \text{etc.}$$

Vézes a obtenu des *palladio-nitrites :*

$$Pd(AzO^2)^2Cl^2R^2 ;$$

et des *palladoxalates :*

$$Pd(CO^2 - CO^2)R^2.$$

Loiseleur a étudié quelques-uns de ces sels, et a préparé l'*acide palladoxalique*.

Reichard a fait connaître l'*arsénite* :

$$PdO^2,As^2O^3.$$

Selon Bach, les produits d'oxydation de l'hydrogène naissant tiré de l'hydrure de palladium, oxydent plus rapidement une solution d'indigo que ne le fait l'eau oxygénée ordinaire.

Pozzi-Escot et Conquet recommandent l'emploi du chlorure de palladium dans les recherches microchimiques et analytiques.

TRAVAUX SUR LE RUTHÉNIUM

HISTORIQUE. — Entrevu par Osann, le ruthénium a été découvert par Claus (1846). Il a été étudié par Claus, Fremy, Ste-Claire-Deville et Debray, Debray et Joly, etc.

Joly a fondu le ruthénium dans l'arc électrique ; ce métal *roche* au moment de la solidification ; do = 12,063. Joly a étudié les propriétés physiques du ruthénium.

Joly a trouvé pour le poids atomique, les valeurs :

101,41 101,66.

Leidié a indiqué un bon procédé pour séparer Ru d'avec Ir et les autres métaux de la mine de platine. Smith et Harris ont séparé Ru d'avec Ir par un procédé électrolytique très simple.

Mylius et Dietz ont analysé le ruthénium du commerce, et l'ont purifié.

Debray et Joly ont fait connaître un bioxyde RuO^2 et un oxyde Ru^2O^5, H^2O. RuO^2 se dissocie à 1000° ; à + 110°, dans un courant d'oxygène, RuO^2 se transforme en acide hyperruthénique.

Debray prépare par fusion un alliage (Ru + Sn) bien cristallisé.

En étudiant l'action de la lumière sur RuO^4, Joly montre qu'il se produit RuO^3. Le même auteur a préparé les *ruthéniates :*

$$K^2O.6Ru^2O^5 ;\ Na^2O,3Ru^2O^5 ;\ RuO^3Ba.$$

Joly a aussi obtenu le *chlorure nitrosé* $RuAzOCl^3$, dont il décrit des combinaisons ammoniacales, etc.

En étudiant $RuCl^3$ (ou Ru^2Cl^6), Joly a isolé *l'oxychlorure :*

$$Ru\,(OH)\,Cl^3$$

que l'eau décompose en hydrate :

$$Ru(OH)^3.$$

Les combinaisons ammoniacales du chlorure sont, d'après le même auteur :

$$Ru^2Cl^6,7AzH^3 ;\ Ru^2(OH)^2Cl^4,7AzH^3 + 3H^2O, \text{ etc.}$$

Joly et Leidié ont préparé des azotites doubles de ruthénium et de métaux alcalins :

$$Ru^2(AzO^2)^6,4AzO^2K ;\ Ru^2O(AzO^2)^4,8AzO^2K, \text{ etc.}$$

Howe a décrit :

$$2KCl,RuCl^3AzO ;\ 2AzH^4Cl.RuCl^3.AzO, \text{ etc.}$$

Brizard a fait connaître des dérivés ammoniacaux :

$$RuAzO.Cl^3,2AgCl.AzH^3;$$
$$RuAzOBr^3,2AgBr.AzH^3, \text{ etc.}$$

Antony et Lucchesi ont étudié le *chlororuthénate :*

$$RuCl^4,2KCl.$$

Howe, Howe et Campbell ont décrit un certain nombre de *ruthéno-cyanures*, dont j'indique la formule générale :

$$R^4.Ru(CAz)^6 + nH^2O.$$

Howe a observé que le peroxyde de ruthénium est un corps explosif.

Selon Brizard, il existe un nitroso-chlorure double, de formule :

$$Ru^2H^2.AzOCl^3 + 3KCl,HCl.$$

Travaux sur le Rhodium

Historique. — Le rhodium a été découvert en 1803 par Wollaston, dans le minerai de platine. Il a été étudié par Wollaston, Vauquelin, Berzélius, Fremy, Claus, Ste-Claire-Deville et Debray, Joergensen, Wilm, etc.

Seubert et Kobbé ont trouvé 102,7, et Joergensen 103, pour le poids atomique du rhodium.

Debray a préparé un alliage Rh^2Sn^3, en beaux cristaux brillants.

Moissan a constaté qu'au four électrique, le rhodium dissout facilement le carbone, mais ne s'y combine pas.

On doit à Leidié un bon procédé pour séparer le

rhodium d'avec l'iridium et les autres métaux de la famille du platine.

Mylius et Dietz ont étudié et analysé le rhodium extrait de la mine de platine.

Demarçay a publié, en 1886, une réaction caractéristique du rhodium : il ajoute à une solution de chlororhodate d'ammonium un petit excès d'hypochlorite de sodium concentré, puis, goutte à goutte, de l'acide acétique à 20 0/0 ; la liqueur devient orangée, puis bleu céleste, teinte qui disparaît peu à peu.

Leidié (1888) a décrit Rh^2Cl^3 et plusieurs de ses sels doubles ; les sulfures Rh^2S^3, Rh^2S^3, HS, $Rh^2S^3, 3NaS$; le sulfate $Rh^2O^3, 3SO^3$, et toute une série d'oxalates doubles ; des azotites doubles de rhodium et des principaux métaux alcalins, des chlorures doubles, etc.

Wilm a préparé le chlorure double :

$$Rh^2Cl^6,6AzH^4Cl + 3H^2O.$$

Seubert et Kobbé ont fait connaître des sels doubles :

$$4KCl,\ Rh^2Cl^6 + 2H^2O\ ;$$

$$3SO^3Na^2,\ 2SO^3Rh + 4{,}5H^2O \text{ etc.}$$

Jorgensen a étudié des combinaisons *lutéo* et *roséo-rhodiques :*

$$(AzO^3)^3\,Rh,\ 6AzH^3 + AzO^3H\ ;$$

$$(AzO^3)^3\,Rh,\ 5AzH^3 + AzO^3H \text{ etc.}$$

Joly a décrit les produits de décomposition par la chaleur des azotites doubles de rhodium et des métaux alcalins. Il conclut en rapprochant le rhodium du chrome, du cobalt et du manganèse.

Travaux sur l'Osmium

Historique. — L'osmium a été découvert par Tennant, en 1803. Il a été étudié par Tennant, Fremy, Woehler, Ste-Claire-Deville et Debray, Fritzsche, W. Gibbs, etc. Seubert a trouvé pour le poids atomique de l'osmium les nombres 190,33 et 190,8.

Leidié a donné un procédé pratique permettant de séparer l'osmium d'avec l'iridium et les autres métaux de la famille du platine.

Smith et Wallace séparent l'osmium d'avec l'or, le cadmium, l'argent, le mercure, par voie électrolytique.

Mylius et Dietz ont étudié l'osmium retiré de la mine de platine. Ce métal peut être très bien purifié.

Joly a préparé *l'osmiamate* de potassium :

$$OsO^3AzK,$$

et étudié ses produits de décomposition OsO^2 et OsO^3K.

Wintrebert a décrit des *osmyl-oxalates :*

$$OsO^2(C^2O^4)^2R^2 + nH^2O \text{(formule générale)};$$

un *chloro* et un *bromo-osmiate* de potassium :

$$OsCl^4, 2KCl ; OsBr^4, 2KBr \text{ etc.}$$

Travaux sur l'Iridium.

Historique. — L'iridium a été découvert par Tennant (1803). Il a été étudié par Fourcroy, Vauquelin, Descotils, Fremy, Woehler, Ste-Claire-Deville et Debray, Claus, de Schneider, Seubert, W. Gibbs, Birnbaum etc.

Debray a obtenu un alliage, Ir^2Sn^3, bien cristallisé.

Vincent a étudié certaines combinaisons du perchlorure d'iridium avec les chlorhydrates des mono, di et tri-méthylamines (1885).

Palmaer a fait connaître les combinaisons suivantes :

$$IrCl^3, 3AzH^3 ; IrCl^3, 4AzH^3 ; IrCl^3, 5AzH^3 ;$$

$$IrBr^3, 5AzH^3 ; Ir(AzO^3)^3, 5AzH^3 ; Ir(AzO^3)^3, 5AzH^3 + H^2O \text{ etc.}$$

Geisenheimer prépare le bioxyde d'iridium, en calcinant l'iridate de potassium :

$$IrO^3, 4K^2O + 2H^2O.$$

Joly et Leidié, en étudiant l'action de la chaleur sur l'azotite double d'iridium et de potassium, ont obtenu le sel suivant :

$$12IrO^2, K^2O = Ir^{12}O^{25}K^2.$$

Antony a décrit une méthode permettant d'enlever à l'iridium les dernières traces de platine qu'il retient toujours avec ténacité.

Selon Moissan, l'iridium dissout facilement le carbone à la température du four électrique, mais il n'existe pas de carbure d'iridium.

Leidié a indiqué un bon procédé pour séparer l'iridium d'avec les autres métaux du groupe du platine.

Mylius et Dietz ont étudié l'iridium retiré de la mine de platine, et l'ont purifié.

Vanino et Seemann séparent l'or d'avec le platine et l'iridium au moyen de l'eau oxygénée.

On doit à Leidié la préparation des sels suivants :

$$Ir^2Cl^6, 6KCl + 6H^2O ;$$

$$Ir^2Cl^6, 6NaCl + 20H^2O ;$$

$$IrCl^4, 2AzH^4Cl.$$

Ce dernier sel, étant chauffé dans le chlore sec à $+ 440^\circ$, fournit Ir^2Cl^6 pur.

INDEX BIBLIOGRAPHIQUE

A). Journaux et Ouvrages Français

Le Fluor, par Henri Moissan ;
Comptes rendus de l'Académie des Sciences ;
Annales de Physique et de Chimie ;
Bulletin de la Société Chimique de Paris ;
Revue Générale des Sciences pures et appliquées ;
Le Four électrique, par Henri Moissan ;
Moniteur Quesneville ;
Revue Générale de Chimie pure et appliquée ;
Mois Scientifique et Industriel ;
Traité de Chimie, de Pelouze et Fremy ;
Traité de Chimie Médicale, de Ad. Wurtz ;
Leçons de Chimie Moderne, de Ad. Wurtz ;
Dictionnaire de Chimie, de Ad. Wurtz (1re édition ; 1er et 2me suppléments) ;
Leçons de Chimie, par Naquet ;
Leçons de Chimie, par Naquet et Henriot ;
Cours de Chimie générale, par Istrati ;
Leçons élémentaires de Chimie, par Grimaux ;
Cours élémentaire de Chimie, par Debray ;
Cours élémentaire de Chimie, par Debray et Joly ;
Guide du Chimiste, par Fremy et Terreil ;
Cours de Chimie des métaux (*autographié*) et cours de Chimie des métalloïdes, professés à la Faculté des Sciences de Montpellier, par W. Œchsner de Coninck ;

Introduction à l'Etude de la Chimie générale, par Ad. Wurtz.
Cours élémentaire de Chimie, à l'usage des candidats à l'examen du P.C.N., par Joly.
Chimie Médicale, par le professeur L. Garnier ;
Lois générales de la Chimie, par G. Chesneau :
Eléments de Chimie des Métaux, à l'usage des candidats à l'examen du P.C.N., par W. Œchsner de Coninck ;
Premières notions de Chimie des métalloïdes, à l'usage des débutants, par W. Œchsner de Coninck ;
La Théorie Atomique, par Ad. Wurtz ;
Théories et notations chimiques, par Ed. Grimaux ;
Les Origines de l'Alchimie, par M. Berthelot ;
Leçons de Chimie, professées devant la Société chimique de Paris ;
Traité de Chimie Générale, par P. Schützenberger ;
Cours de Chimie, professé devant la classe de mathématiques élémentaires du Lycée du Hâvre, par Gustave Appert ;
Traité élémentaire de L. Troost (éditions successives) ;
Encyclopédie chimique, de Frémy.

B). Journaux et Ouvrages Belges

Bulletin de l'Académie Royale des Sciences de Belgique ;
Mémoires de Stas sur la détermination des poids atomiques.

C). Journaux et Ouvrages Hollandais

Recueil des Travaux Chimiques des Pays-Bas ;
Mémoires de l'Académie Royale des Sciences d'Amsterdam ;
Différents traités de Chimie minérale hollandais ;
Archives Néerlandaises.

D). Journaux et Ouvrages Allemands

Mémoires de l'Académie des Sciences de Berlin ;
Berichte der deutschen Chemischen Gesellschaft ;
Annalen der Chemie ;
Archiv der Pharmacie ,

Journal für praktische Chemie ;
Mémoires de l'Académie des Sciences de Munich ;
Mémoires de l'Académie des Sciences de Vienne ;
Traité de Chimie inorganique, par le professeur Richter ;
Encyclopédie de Gmelin ;
Dictionnaire allemand de Chimie minérale, par Dammer.

E). Journaux et Ouvrages Anglais

Publications de la Société Royale de Londres ;
Journal of the Chemical Society ;
Traité de Chimie, par les professeurs Roscoe et Schorlemner, d'Owen's College, à Manchester ;
Chemical News ;
Dictionnaire anglais de Chimie générale.

F). Journaux et Ouvrages Suisses

Archives des Sciences Physiques et Naturelles de Genève ;
Mémoires de Marignac sur différents métaux et sur leurs composés;
Résumés de quelques Cours et Conférences professés dans les Universités Suisses.

G). Journaux et Ouvrages Italiens

Mémoires de l'Académie Royale « dei Lincei » de Rome.
Mémoires de l'Académie Royale des Sciences de Turin ;
Gazzetta Chimica Italiana ;
Résumé de Cours professés devant plusieurs Universités Italiennes.

H). Journaux et Ouvrages Américains

Mémoires et publications diverses de l'Académie Elisabeth Thomson à Boston ;
American Chemical Society (publications périodiques) ;

Silliman's American Journal ;
American Chemist ;
Résumés de Cours ou Conférences, professés devant plusieurs Universités des Etats-Unis d'Amérique.

I). Journaux et Ouvrages Russes

Mémoires et publications de l'Académie des Sciences de Saint-Pétersbourg ;
Mémoires et publications de la Société des Naturalistes Russes de Moscou ;
Correspondance russe, publiée par le Bulletin de la Société Chimique de Paris ;
Dictionnaire de Chimie, par Beilstein, professeur à l'Ecole Polytechnique de Saint-Pétersbourg ;
Divers traités et Cours de Chimie inorganique russes.

J). Journaux Roumains

Bulletin de la Société des Sciences de Bucharest, publié par les soins de M. Istrati, professeur à l'Université de Bucharest.

TABLE DES MATIÈRES

MONTPELLIER. — IMPRIMERIE GUSTAVE FIRMIN, MONTANE ET SICARDI.

Documents manquants (pages, cahiers...)

NF Z 43-120-13

www.ingramcontent.com/pod-product-compliance
Ingram Content Group UK Ltd.
Pitfield, Milton Keynes, MK11 3LW, UK
UKHW020252250726
13967UKWH00004B/1643